그림과 **비유**, 생활 속 문제 **풀이**로 재밌게 배운다!

첫 통계

인공지능 기술을 뒷받침하는 **통계 기초** with 베이즈

사사키 준 지음 • 안동현 옮김

이지스 퍼블리싱

Do it!

인공지능 기술을 뒷받침하는 통계 기초

첫 통계 with 베이즈

초판 발행 • 2021년 11월 11일

지은이 • 사사키 준(佐々木 淳)
옮긴이 • 안동현
펴낸이 • 이지연
펴낸곳 • 이지스퍼블리싱(주)
출판사 등록번호 • 제313-2010-123호
주소 • 서울특별시 마포구 잔다리로 109 이지스빌딩 4층(우편번호 04003)
대표전화 • 02-325-1722 | **팩스 •** 02-326-1723
홈페이지 • www.easyspub.co.kr | **페이스북 •** www.facebook.com/easyspub
Do it! 스터디룸 카페 • cafe.naver.com/doitstudyroom | **인스타그램 •** instagram.com/easyspub_it

기획 및 책임편집 • IT3팀 이인호(inho@easyspub.co.kr) | **교정교열 •** 박명희
표지 디자인 • 이유경 | **본문 디자인 •** 김소리 | **인쇄 •** 보광문화사
마케팅 • 박정현, 한송이 | **독자지원 •** 오경신 | **영업 및 교재 문의 •** 이주동, 이나리(support@easyspub.co.kr)

ISBN 979-11-6303-307-3 03410
가격 13,000원

결과에서 원인을 찾고, 부족한 정보로도 미래를 예측한다!

과거를 바꾸는 베이즈 통계

베이즈 통계란 영국의 수학자 토머스 베이즈(Thomas Bayes, 1702~1761)가 처음 발견한 베이즈 정리를 바탕으로 한 것으로, 주관적인 확률도 유연하게 이용할 수 있다는 특징이 있습니다. 이러한 유연성 때문에 오히려 많은 과학자들이 등을 돌려 베이즈 통계는 200년 이상 추운 겨울을 보내야만 했습니다.

그러나 시대는 베이즈 통계를 잊지 않았습니다. 시대가 발전함에 따라 그 유연성 덕분에 베이즈 통계는 활용의 폭이 더욱 넓어졌습니다. 지금에 이르러서 베이즈 통계의 응용은 스팸 메일 판정부터 빅데이터 분석에 이르기까지 이루 헤아릴 수 없을 정도로 다양합니다.

평소 우리가 접하는 종래의 통계학에서는 '데이터'가 필요합니다. 분석할 데이터가 없다면 이야기를 시작조차 할 수 없습니다. 이와 달리 베이즈 통계는 사전 데이터가 없는 상태여도 가정을 거듭하며 논의를 진행하고 정보를 얻어 확률을 갱신한다는 강점이 있습니다.

또한 베이즈 통계는 결과에서 원인을, 미래에서 과거를 바라볼 때에도 도움을 받을 수 있습니다. 즉, 베이즈 통계는 역사적으로도 계산 측면에서도 미래가 과거를 만드는 분야입니다.

이처럼 베이즈 통계 말고 추운 겨울을 견뎌 낸 학술 분야가 또 있습니다. 최근 빠르게 대두하는 AI(artificial intelligence, 인공지능)도 과거 추운 겨울을 두 번 거쳐 빛나는 오늘을 맞이했습니다.

필자는 일본 방위성에서 조종사 후보생을 지도하는 수학 교관입니다. 조종사 후보생을 가르치다 보면 수학을 싫어하는 학생도 있지만, 주제를 좁혀 하나하나 학습하면서 수학의 어려움을 극복하는 학생도 많이 볼 수 있습니다. 필자는 학생들과 함께하면서 **과거의 어려움은 언제든지 다시 쓸 수 있다**는 사실을 여러 번 배웠습니다.

이 책은 베이즈 통계를 처음 배우는 분, 과거에 베이즈 통계를 배우다 포기한 분, 확률과 통계는 무조건 어렵게만 느껴져서 시도조차 못 한 분을 대상으로 합니다. 즉, 주제와 핵심을 좁혀 소개해서 누구나 배우기 쉬운 베이즈 통계 입문서입니다.

베이즈 통계를 처음 배운다면 **기호와 조건부 확률**이라는 넘기 어려운 벽을 경험할 것입니다. 특히 조건부 확률은 한 번에 이해하기 어려운 높은 장벽입니다. 그래서 이 책에서는 이 2가지 벽을 뛰어넘을 수 있도록 생활 속 구체적인 예를 그림과 함께 설명하면서 동시에 해설을 자세히 덧붙였습니다. 그러므로 앞에서부터 차례대로 읽으면 베이즈 통계에 필요한 기호와 개념, 그리고 핵심을 조금씩 익힐 수 있습니다.

TV 방송 등에서 과거의 실패 경험담을 자랑스러운 듯 이야기하는 유명인을 본 적이 있는데, 이는 **미래를 바꾸어 과거를 다시 쓴** 결과일 것입니다. 괴로웠던 과거나 실패 경험이 지금을 만든 계기로 편집된 것입니다.

이처럼 미래를 바꾸어 지우고 싶을 정도로 괴로웠던 과거를 빛나는 추억으로 **다시 쓴** 사람이 우리 주변에는 많습니다. 혹시 이 과정을 '극복'이라는 단어로 대신 말할지도 모르겠습니다.

대학 수험, 취직 활동 등에서 매번 떨어져 본 필자로서는 "모든 과거는 바꿀 수 있다. 미래가 과거를 만든다."는 우주물리 • 이론물리학자 사지 하루오(佐治晴夫)가 한 말에서 미래를 향해 도전할 용기를 얻었습니다. 그리고 이 말은 제 마음속 깊이 용기를 심어 주었을 뿐 아니라 실제 수학으로도 증명할 수 있습니다. **모든 과거를 다시 쓸 수 있는 수학**, 이것이 바로 이 책에서 설명하는 베이즈 통계입니다. 이 책을 통해 자신의 과거를 다시 써보기 바랍니다.

2020년 12월

사사키 준(佐々木 淳)

17가지 기초 지식부터 26가지 생활 속 문제 풀이까지!

인공지능 기술을 뒷받침하는 통계 기초

가깝게는 지지율 등의 사회 조사나 멀게는 물리학에서의 통계 검정 활용 등 오늘날 통계학의 활용 범위는 시작과 끝을 알 수 없을 정도로 방대합니다. 기존의 전통 과학 방법론으로는 직접 증명할 수 없고 설명할 수 없었던 다양한 현상을 평가하고 판단하는 데 확률과 통계학을 활용하는 것이지요.

여기서 멈추지 않고 과거에는 상상하지도 못했던 대량의 데이터를 대상으로 다양한 확률을 계산하고 이를 활용하여 여러 가지 사건을 예측하기도 합니다. 이때 관심의 대상이 되는 것이 얼마 전까지만 하더라도 전통 통계학이 멸시하고 무시하던 베이즈 통계입니다.

임의의 확률을 시작으로 더 나은 확률을 계산하는 베이즈 갱신, 다양한 조건에서 해당 사건의 확률을 계산하는 조건부 확률 등은 오늘날 컴퓨터 과학에서는 컴퓨팅 속도 발전과 어울려 진정한 의미의 'AI 시대'를 여는 데 필요한 도구라 할 수 있습니다.

환경이 복잡해지고 다루는 데이터가 많아질수록 베이즈 추론을 비롯한 통계학의 활용 범위는 점점 더 넓어질 것입니다. 물론 복잡한 베이즈 확률을 직접 계산할 일은 없을 겁니다. 쉽게 확률을 얻을 수 있는 모듈 등을 이용해 계산에 필요한 데이터만 입력하면 될 테니까요. 그렇지만 개념을 알고 쓰는 것과 모르고 쓰는 것에는 응용과 활용에 큰 차이가 있으며 군이 어려운 베이즈 통계학을 소개하고자 하는 것도 바로 이런 이유에서입니다.

과거 진리라고 생각했던 물리 법칙이 하나씩 새로 정의되면서 불확실성의 시대라고 말들 하지만, 불확실성이야말로 진리를 탐구하는 데 필요한 밑거름이 아닐까요? 모쪼록 이 책을 통해 베이즈 통계학을 조금이나마 이해하고 새로운 인식의 지평을 넓히는 계기가 되었으면 하는 바람입니다.

2021년 10월

비 오는 어느 날, 안동현

진도표

혼자 공부해도 충분하고 교재로도 훌륭해요!
9회 완성 목표를 세우고 베이즈 통계를 공부해 보세요!

기초   응용

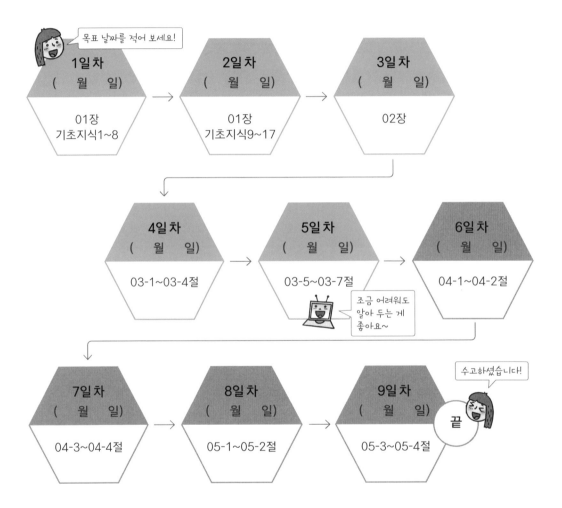

책을 통해 스스로 발전하는 지적인 독자를 만나 보세요!
Do it! 스터디룸(cafe.naver.com/doitstudyroom)을 방문해 Do it! 공부단에 참여해 보세요!
공부 계획을 올리고 완료하면 책 1권을 선물로 드립니다(단, 회원가입 및 등업 필수).

01

베이즈 통계란?

베이즈 통계는 결과에서 원인을 찾는 '베이즈 정리'를 이용합니다. 최근에 들을 기회가 조금씩 늘었지만, 베이즈 정리 자체는 18세기부터 있었습니다. 이 장에서는 '통계 분석을 본격적으로 다루기 전에 필요한 내용', '통계에 필요한 입문 지식'을 확인하는 동시에 베이즈 통계, 그리고 베이즈 통계와 기존 통계의 차이를 설명합니다.

우리 주변에는 다양한 데이터가 있습니다. 'TV 시청률', '시험 평균 점수', '대학 수학능력 시험에서 이용하는 표준점수', '강수율', '아파트 최다 판매 가격대, 판매 가격대', '시도별 예금 잔액' 등 이루 헤아릴 수 없습니다. 이러한 데이터를 이용하여 현상을 파악하고 분석하여 미래로 이어 주는 것이 바로 통계입니다.

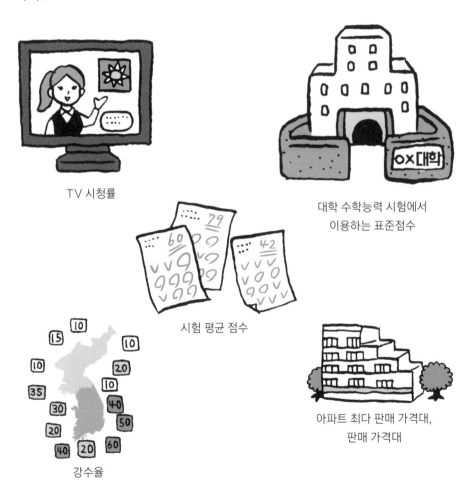

TV 시청률

대학 수학능력 시험에서
이용하는 표준점수

시험 평균 점수

아파트 최다 판매 가격대,
판매 가격대

강수율

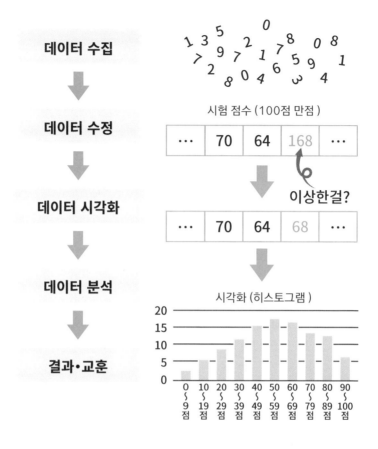

데이터 수집

데이터 수정

데이터 시각화

데이터 분석

결과·교훈

시험 점수 (100점 만점)

| ··· | 70 | 64 | 168 | ··· |

이상한걸?

| ··· | 70 | 64 | 68 | ··· |

시각화 (히스토그램)

통계를 이용할 때 앞서 꼭 해야 하는 중요한 단계가 있습니다. 바로 데이터를 깔끔하게 집계하고 시각화하는 것입니다.

우리가 일반적으로 다루는 데이터에는 '생략'이나 '어긋남'이 있습니다. 이러한 데이터를 오염된 데이터라고 합니다. 오염된 데이터로는 구하고자 하는 결과를 얻을 수 없습니다. 그러므로 데이터를 깔끔하게 집계하며 시각화할 필요가 있습니다. 통계는 어디까지나 도구일 뿐 목적이 아닙니다. 목적을 달성하려면 먼저 데이터를 올바르게 정리해야 합니다.

기초 지식 2 베이즈 통계는 변화하는 확률을 다룬다

다음과 같은 문제가 있다고 합시다.

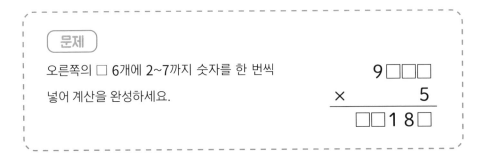

힌트가 없을 때의 정답률은 40%라고 하겠습니다. 그럼 약간의 힌트가 있다면 어떻게 될까요?

힌트 1

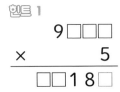

힌트 1은 '가장 먼저 채울 □는 오른쪽 아래의 파란색 □'입니다. 이 힌트로 정답률이 50%까지 높아졌다고 하겠습니다(□ 후보: 2, 3, 4, 5, 6, 7). 힌트 1만으로 정답을 맞히는 사람도 있겠지만, 여전히 풀지 못하는 사람도 있을 겁니다.

여기서 힌트 2를 제시합니다. '앞의 파란색 □는 5'입니다.

힌트 2

$$
\begin{array}{r}
9\,\square\,\square\,\square \\
\times \qquad 5 \\
\hline
\square\,\square\,1\,8\,5
\end{array}
$$

이 힌트 2로 정답률이 55%로 높아졌다고 하겠습니다(□ 후보: 2, 3, 4, 6, 7). 힌트 2로 정답을 맞히는 사람도 있겠지만, 아직 풀지 못하는 사람도 있습니다.

이에 다시 힌트 3을 제시합니다. '위 수식에서 오른쪽 맨 끝에 있는 □는 숫자 7'입니다.

힌트 3

$$
\begin{array}{r}
9\,\square\,\square\,7 \\
\times \qquad 5 \\
\hline
\square\,\square\,1\,8\,5
\end{array}
$$

힌트 3 덕분에 정답률이 70%까지 높아졌다고 하겠습니다(□ 후보: 2, 3, 4, 6). 힌트 3으로 정답을 맞히는 사람도 있겠지만, 아직 풀지 못하는 사람도 있을 겁니다.

한 번 더 다음 힌트 4를 제시합니다. '숫자 7의 왼쪽 옆 숫자는 3'입니다.

힌트 4

$$
\begin{array}{r}
9\,\square\,3\,7 \\
\times \qquad 5 \\
\hline
\square\,\square\,1\,8\,5
\end{array}
$$

이 힌트로 정답률은 80%로 높아집니다(□ 후보: 2, 4, 6). 힌트 4라면 대부분 정답을 맞히겠지만, 아직도 풀지 못하는 사람도 있을 겁니다.

그럼 한 번 더 힌트 5를 제시합니다. '왼쪽 아래에서 맨 왼쪽 숫자는 4'입니다.

$$9\square37$$
$$\times5$$
$$\overline{4\square185}$$

이 힌트로 정답률은 95%까지 높아집니다(□ 후보: 2, 6). 그리고 이 힌트를 이용하여 다음과 같은 정답에 이를 수 있었다고 합시다.

$$9237$$
$$\times5$$
$$\overline{46185}$$

이 문제처럼 힌트를 하나씩 추가할 때마다 정답률이 오르는 상황은 TV 퀴즈 프로그램 등에서 흔히 볼 수 있습니다.

정답률이라는 확률은 상황에 따라 시시각각 변합니다. 이처럼 상황을 다루는 것이 베이즈 통계입니다. 또한 이번 예처럼 얻을 수 있는 데이터에 따라 확률을 갱신하는 것을 베이즈 갱신이라 합니다.

이 책에서 소개할 베이즈 정리는 이처럼 변화하는 확률을 다룹니다. 이번 예처럼 힌트를 얻기 전의 정답률을 사전 확률(prior probability), 힌트를 얻은 후에 올라간 정답률을 사후 확률(posterior probability)이라 합니다.

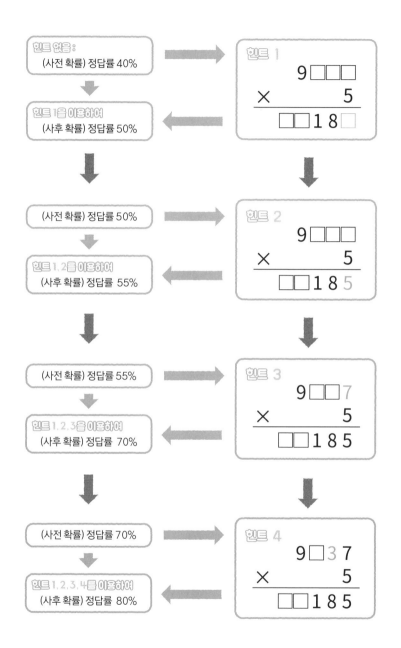

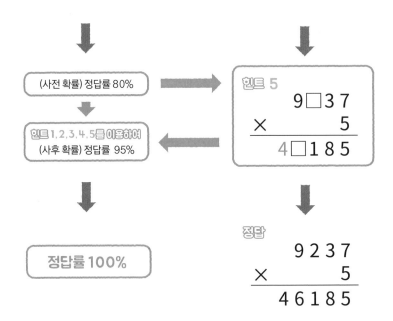

(사전 확률) 정답률 80%

힌트 1, 2, 3, 4, 5를 이용하여
(사후 확률) 정답률 95%

정답률 100%

힌트 5

9 □ 3 7
×   5
4 □ 1 8 5

정답

9 2 3 7
×   5
4 6 1 8 5

퀴즈로
정리하기

01. 변화하는 확률을 다루는 것이 베   입니다.

02. 얻은 데이터를 이용하여 확률을 갱신하는 것이 베   입니다.

03. 힌트를 얻기 전의 정답률은 사   , 얻은 다음의 정답률은 사후 확률입
니다(이번 예에서).

정답: 01. 베이즈 통계   02. 베이즈 갱신   03. 사전 확률

오늘날 다양한 장면에서 응용되며 필수로 자리 잡은 것이 통계학입니다. 통계학에서는 다양한 용어를 사용합니다. 여기서는 구체적인 예와 함께 통계 용어를 알아보겠습니다.

통계학에서 자주 사용하는 용어로 데이터를 들 수 있는데, 데이터는 자료, 실험이나 관찰 등에서 얻은 사실이나 과학적 수치를 가리킵니다. 수치뿐 아니라 사실도 데이터에 포함됩니다. 이때 통계 조사 대상인 데이터의 근원, 즉 사람이나 물건을 모은 것을 모집단이라고 합니다.

데이터 분류는 나중에 자세히 소개하겠지만, 구체적인 예로 점수, 키, 몸무게, 수입 등을 들 수 있습니다. 예를 들어 한국인 평균 키를 알고 싶다면 한국인 전체가 모집단이 됩니다. 마찬가지로 인류의 평균 키를 알고 싶다면 모집단은 인류 전체가 됩니다. 3학년 1반의 수학 평균 점수를 알고 싶다면 3학년 1반 학생이 모집단이 됩니다.

한국인 또는 인류 전체의 평균 키처럼 조사 규모가 크면 어려울 것이라고 쉽게 상상할 수 있습니다. 이럴 때 통계 기법을 이용합니다.

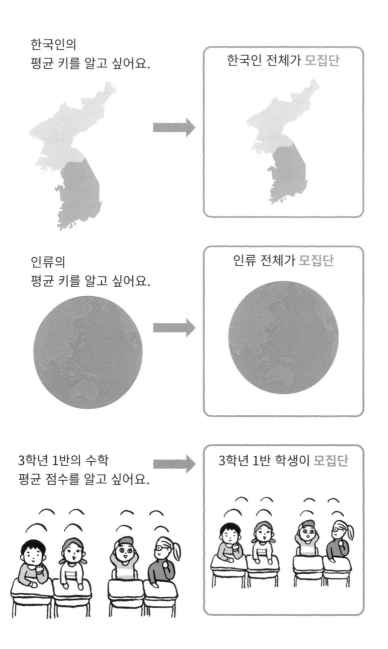

한국인 평균 키라면 우리나라 사람 일부를 무작위로 추출하여 조사하고 예상해
보는 방법도 있습니다. 여기서 추출한 일부 사람을 표본, 또는 샘플(sample)이
라고 합니다. 보통 시제품을 먼저 사용해 보고 좋으면 구매하는데, 이때 사용하
는 시제품이 바로 표본에 해당합니다. 그러고 보니 마트 시식 코너의 소시지나
떡갈비도 표본(샘플)이군요.

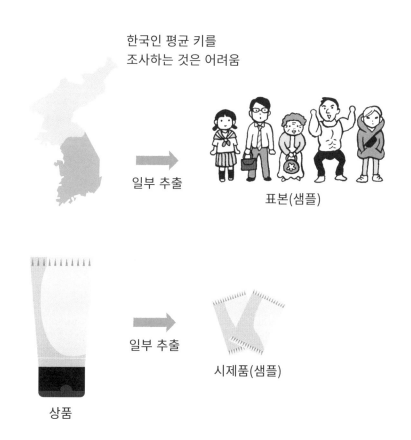

한국인 평균 키를
조사하는 것은 어려움

일부 추출

표본(샘플)

일부 추출

시제품(샘플)

상품

단, 추출한 표본이 한쪽으로 치우치면 정확하게 예상할 수 없습니다. 그러므로 한쪽으로 치우치지 않는 표본 추출 방법이 필요합니다. 이처럼 치우치지 않는 표본 추출 방법을 무작위 추출(random sampling)이라고 합니다.

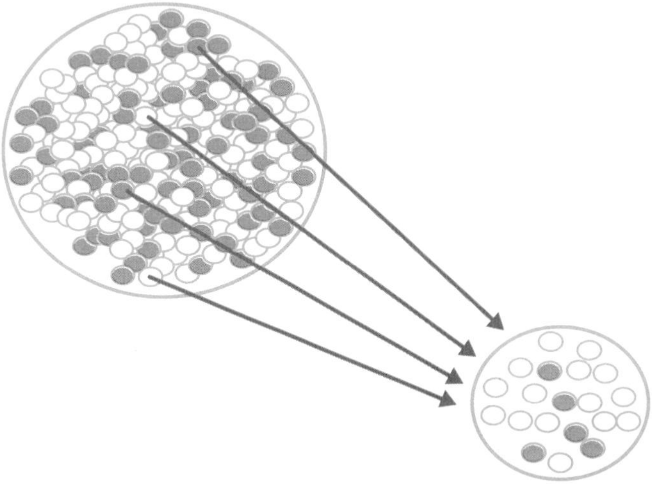

한쪽으로 치우치지 않도록 추출

퀴즈로 정리하기

01. 데이터의 근원이 되는 통계 조사 대상(사람, 물건)을 모은 것이 모______ 입니다.

02. 전체에서 일부를 추출한 것이 표______(샘플)입니다.

03. 한쪽으로 치우치지 않도록 표본(샘플)을 추출하는 방법이 무______ (랜덤 샘플링)입니다.

정답: 01. 모집단　02. 표본　03. 무작위 추출

• '오염된 데이터'는 사용할 수 없음

필자는 편의점에서 아르바이트한 적이 있습니다. 그 편의점에서는 매출 1위인 상품을 눈에 잘 띄는 곳에 진열하곤 했습니다. 가장 잘 팔리는 것을 놔두고 인기, 매출이 2위 이하인 상품을 일부러 앞에 두지는 않으므로 편의점은 데이터를 분석해 고객이 '가장 원하는' 상품을 진열합니다.

그렇다면 잘 팔리는 상품은 어떻게 조사할까요? 바로 상품에 표시된 바코드를 이용합니다.

단, 잘 팔리는 상품도 '어떤 세대가 주로 구매할까?'에 따라 파는 장소가 달라집니다. 그러면 주로 구매하러 오는 세대를 어떻게 알 수 있을까요?

예를 들어 편의점 계산대에는 다음 그림과 같은 '나이 버튼'이 있습니다. 편의점에서 계산할 때 점원이 이 버튼을 누르지 않으면 결제가 안 됩니다. 이 버튼을 사용해서 얻는 데이터로 고객 정보를 파악하는 것이지요.

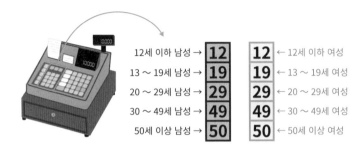

12세 이하 남성 →	**12**	**12**	← 12세 이하 여성
13 ~ 19세 남성 →	**19**	**19**	← 13 ~ 19세 여성
20 ~ 29세 남성 →	**29**	**29**	← 20 ~ 29세 여성
30 ~ 49세 남성 →	**49**	**49**	← 30 ~ 49세 여성
50세 이상 남성 →	**50**	**50**	← 50세 이상 여성

그러나 이러한 고객 정보 수집 방법에는 문제가 있습니다. 손님이 19살인지 20살인지, 아니면 12살인지 13살인지 한눈에 알아볼 수 없기 때문입니다. 그렇다고 해서 편의점 점원이 손님에게 직접 나이를 물을 수도 없습니다. 그러나 나이를 판단하지 않으면 결제를 할 수 없습니다. 그러다 보니 '우선 버튼을 누르고 보자'는 식도 흔합니다. 또한 귀찮아서 항상 똑같은 버튼을 누르는 점원이 있을지도 모릅니다. 이렇게 되면 데이터가 정확할 수 없습니다.

실제로 검증해 보니 정답률은 20~30%밖에 안 되었다고 합니다. 이는 데이터 치고는 이상한, 즉 '깨끗한 데이터'가 아니라 '오염된 데이터'였던 것입니다. 그런데도 정답률은 어떻게 알 수 있었을까요?

이는 편의점에 전자 화폐나 포인트 카드가 도입되었기 때문입니다. 전자 화폐나 포인트 카드에는 개인 정보가 기록되므로 이를 스캔하여 정확한 고객 정보를 얻을 수 있었던 것입니다.

부정확

12세 이하 남성 →	**12**	**12**	← 12세 이하 여성
13 ~ 19세 남성 →	**19**	**19**	← 13 ~ 19세 여성
20 ~ 29세 남성 →	**29**	**29**	← 20 ~ 29세 여성
30 ~ 49세 남성 →	**49**	**49**	← 30 ~ 49세 여성
50세 이상 남성 →	**50**	**50**	← 50세 이상 여성

정확

퀴즈로
정리하기

01. 전자 화폐나 포인트 카드가 보급됨으로써 정확한 고⬜⬜⬜를 얻을 수 있습니다.

정답: 01. 고객 정보

통계 분석은 다음과 같은 순서로 이루어집니다. 먼저 가설(예상)을 세우고 데이터를 모은 다음 실증하듯 분석하여 결과를 이끌어 냅니다.

이렇게 쓰고 보니 무척 어려워 보이지만, 이 통계 순서는 많은 사람이 초등학교 시절에 이미 경험해 본 적이 있습니다. 바로 초등학교 여름 방학 숙제였던 '나팔꽃 키우기 관찰 일기'입니다. '나팔꽃 키우기 관찰 일기'는 통계 요소가 집약된 축소판이라 할 수 있습니다.

나팔꽃을 기르려면 어떻게 해야 할까요? 식물을 기르려면 먼저 물과 햇볕과 거름이 필요합니다. 이 가설은 학교에서 배웁니다.

그리고 이 가설을 기본으로 데이터를 날마다 수집하여 관찰 일기를 씁니다. 하루하루 지날수록 나팔꽃을 관찰한 데이터가 모여 나팔꽃의 성질이 보이기 시작합니다.

햇볕이 잘 드는 양달과 햇볕이 들지 않는 응달에서는 나팔꽃의 성장에 차이가 있습니다. 마찬가지로 물을 주었을 때와 주지 않았을 때, 거름을 충분히 뿌렸을 때와 그렇지 않았을 때의 성장 정도가 다릅니다.

학교에서 배운 지식을 가설로 세우고 실제로 나팔꽃을 기르며 이를 검증합니다. 선생님께 배운 내용을 확인하는 것이지요. 이렇게 분석한 데이터는 다른 식물에도 응용합니다. '나팔꽃에서 성립한 내용은 해바라기나 튤립에도 성립하겠지?'라고 말이죠.

이처럼 지금까지 배운 지식을 바탕으로 다른 영역에 적용하는 것을 영역 확대라고 합니다. 영역을 확대하면 지식을 넓은 관점에서 다시 바라볼 수 있습니다.

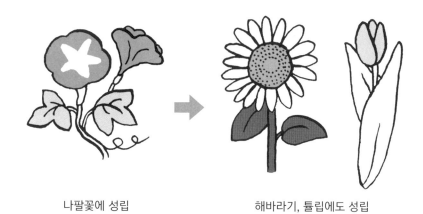

나팔꽃에 성립   해바라기, 튤립에도 성립

01. 통계 분석은 가   → 데   → 결   순으로 이루어집니다.

02. 초등학교 여름 방학 숙제였던 '나팔꽃 키우기 관찰 일기' 등이 통   의 기본입니다.

정답: 01. 가설, 데이터 수집 등, 결과   02. 통계 분석

기초지식 ⑥ 데이터 분류

우리는 날마다 다양한 데이터와 함께 살아갑니다. 데이터는 크게 질적 데이터(범주 데이터)와 양적 데이터로 나눌 수 있습니다. 양적 데이터는 수치로 직접 측정할 수 있지만, 질적 데이터는 그렇지 못하므로 사칙연산을 할 수 없습니다.

질적 데이터, 양적 데이터에는 각각 2가지 척도가 있습니다. 질적 데이터에는 명목 척도와 서열 척도, 양적 데이터에는 등간 척도와 비율 척도(비례 척도라고도 함)가 있습니다. 이처럼 데이터를 분류하는 것은 척도에 따라 '할 수 있는 것'과 '할 수 없는 것'이 있기 때문입니다.

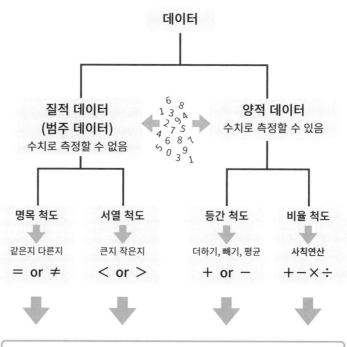

데이터

질적 데이터
(범주 데이터)
수치로 측정할 수 없음

양적 데이터
수치로 측정할 수 있음

명목 척도

같은지 다른지

= or ≠

서열 척도

큰지 작은지

< or >

등간 척도

더하기, 빼기, 평균

+ or −

비율 척도

사칙연산

+ − × ÷

척도에 따라 '할 수 있는 것'과 '할 수 없는 것'이 있음

01. 데이터에는 질 　　　 와 양적 데이터가 있습니다.

02. 질적 데이터에는 명목 척도와 서　　　 가 있습니다.

03. 양적 데이터에는 등　　　 와 비율 척도가 있습니다.

04. 척　　 에 따라 할 수 있는 것과 할 수 없는 것이 있습니다.

정답: 01. 질적 데이터　 02. 서열 척도　 03. 등간 척도　 04. 척도

질적 데이터
수치로 측정할 수 없는 데이터

명목 척도는 구별하고 분류할 때 사용합니다. 구별하고 분류하는 것이 목적이므로 같은가(=) 또는 다른가(≠)를 판정합니다. 이때 판정한 데이터는 셀 수만 있습니다(카운트).

명목 척도는 ID, 우편번호, 전화번호와 같이 숫자를 사용하여 구별할 수도 있지만 성별, 혈액형, 출생지와 같이 숫자 없이 구별할 수 있는 것도 있습니다.

서열 척도는 개수를 세거나 서로 비교하는 데 사용합니다. 구체적인 예로 순위(1위, 2위…), 학년(1학년, 2학년…), 출석번호(1번, 2번…) 등을 들 수 있습니다.

대소 관계나 순서에는 의미가 있지만 덧셈이나 뺄셈은 의미가 없습니다. 그러므로 '출석번호 3번과 4번을 더하면 출석번호 7번'이라고는 하지 않습니다.

덧셈, 뺄셈을 할 수 없으므로 앞으로 소개할 평균을 계산해도 의미가 없지만, 중앙값이나 최빈값에는 의미가 있습니다.

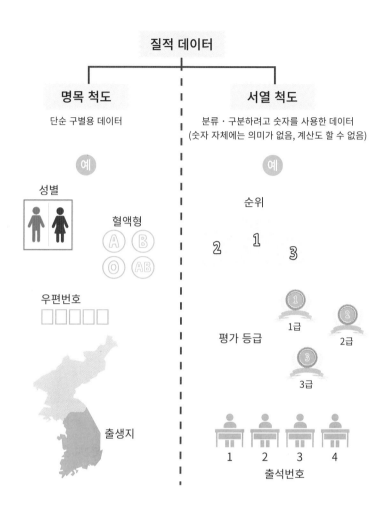

질적 데이터

명목 척도
단순 구별용 데이터

서열 척도
분류·구분하려고 숫자를 사용한 데이터
(숫자 자체에는 의미가 없음, 계산도 할 수 없음)

예

성별

혈액형
A B
O AB

우편번호
□□□□□

출생지

예

순위

2 1 3

평가 등급

1급
2급
3급

1 2 3 4
출석번호

---

01. 명목 척도는 구별하거나 분○○ 할 뿐입니다.

02. 서○○○는 숫자 자체에는 의미가 없으며 계○○도 할 수 없습니다.

정답: 01. 분류   02. 서열 척도, 계산

양적 데이터
수치로 측정할 수 있는 데이터

시각, 나이, 시험 점수처럼

숫자로 된 눈금 간격이 같은 것을 등간 척도

라고 합니다. 기온이 10℃에서 10℃ 오를 때 "20℃가 되었다."라고 표현하지만, 기온이 "2배가 되었다."라고는 하지 않습니다. 등간 척도는 덧셈, 뺄셈은 할수 있지만 곱셈, 나눗셈은 할 수 없습니다. 하지만 평균은 계산할 수 있습니다.

등간 척도와 달리

간격과 비율에 의미가 있으며
덧셈, 뺄셈, 곱셈, 나눗셈을 할 수 있는 것을 비율 척도 또는 비례 척도

라 합니다. 등간 척도와 비율 척도가 어떻게 다른지 구분하기 쉽지 않지만, '0'을 기준으로 생각하면 그나마 이해하는 데 어렵지 않습니다. 등간 척도(점수, 나이, 기온, 시각)는 '0'일 때도 있지만, 비율 척도 또는 비례 척도(키, 몸무게, 속도)는 '0'일 때가 없습니다.

양적 데이터

등간 척도
숫자의 눈금 간격이 같은 데이터

비율(비례) 척도
같은 간격이나 비율에 의미가 있는 데이터

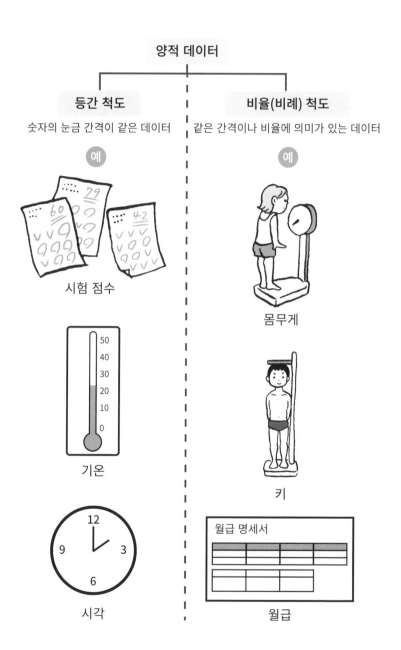

예
시험 점수

기온

시각

예
몸무게

키

월급 명세서

월급

데이터의 종류

질적 데이터	수치로 측정할 수 없음 (범주 데이터)	명목 척도	같은가 다른가(= 또는 ≠)로 판정합니다. 단순히 구별하는 것이 목적이며 데이터를 셀 수만 있고 비교할 수는 없습니다. 예) 사람 이름, 성별, 혈액형, 출생지, ID, 　　우편번호, 전화번호 등
		서열 척도	큰가 작은가를 부등식(< 또는 >)으로 판별합니다. 대소 관계, 순서에 의미가 있으며 세거나 비교할 수 있습니다. 예) 순위, 출석번호, 학년 등
양적 데이터	수치로 측정할 수 있음	등간 척도	덧셈, 뺄셈(+, −)을 할 수 있고 평균을 낼 수 있으며 차이에 의미가 있습니다. 예) 점수, 나이, 기온, 시각 등
		비율 척도 (비례 척도)	덧셈, 뺄셈, 곱셈, 나눗셈(+, −, ×, ÷)을 할 수 있습니다. 예) 키, 몸무게, 속도, 급여, 길이 등

퀴즈로 정리하기

01. 등   는 숫자의 눈금 간격이 같으며 덧셈, 뺄셈을 할 수 있습니다.

02. 비   에는 '0'일 때가 없으며 사   을 할 수 있습니다.

정답: 01. 등간 척도　　02. 비율(비례) 척도, 사칙연산

베이즈 통계를 더 자세히 이해하려면 중학교, 고등학교, 대학교에서 배운 전통 통계학과 어떤 차이가 있는지 알아야 합니다. 통계학의 근본에는 확률론이 있습니다. 베이즈 통계와 달리 전통 통계학은 빈도론 통계학, 줄여서 빈도론이라고도 합니다.

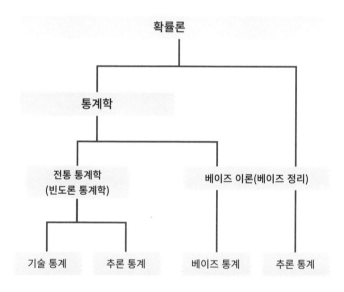

빈도론은 '얻은 데이터가 모집단에서 어느 정도 확률(빈도)로 발생하는가를 기본 사고방식으로 하는 이론'입니다. 통계를 배운다 하면 이 빈도론을 이야기할 때가 대부분입니다.

베이즈 통계는 나중에 소개할 베이즈 정리를 이용하여 데이터를 조사합니다.

전통 통계학(빈도론 통계학)은 기술 통계(descriptive statistics)와 추론 통계 (inferential statistics)로 나눌 수 있습니다.

한편, 베이즈 이론(베이즈 정리)은 베이즈 통계와 추론 통계로 나눌 수 있습니다.

기초 지식 10 · 기술 통계와 추론 통계

여기서는 기술 통계와 추론 통계를 소개합니다.

기술 통계(descriptive statistics)는 얻은 데이터를 이용하여 평균 등의 특성을 표나 그래프로 알기 쉽게 나타냅니다. 학교에서 시험 점수 평균을 내거나 평균 점수를 그래프로 만드는 등을 예로 들 수 있습니다.

추론 통계(inferential statistics)는 추측 통계라고도 합니다. 모집단에서 표본(샘플)을 추출하여 표본의 평균이나 분산을 구하고, 이를 근거로 모집단의 특성을 나타내는 평균(모평균)이나 분산(모분산) 등을 추측합니다. 이때 추측하는 모평균이나 모분산 등을 모수 또는 파라미터라고 합니다. 모수(파라미터)는 일반적으로 알 수 없는 값입니다.

전통 통계학에서는 기술 통계, 추론 통계 모두 데이터가 없으면 '논의할 수'도 '계산할 수'도 없습니다. 그러므로 '논의'하거나 '계산'하려면 먼저 데이터를 모으는 것부터 시작해야 합니다.

- 추정: 모집단을 특징 짓는 모수(파라미터)를 통계학으로 추측하는 것
- 검정: 모집단에서 추출한 표본(샘플)의 통계량에 관한 가설이 올바른지 통계학으로 판정하는 것

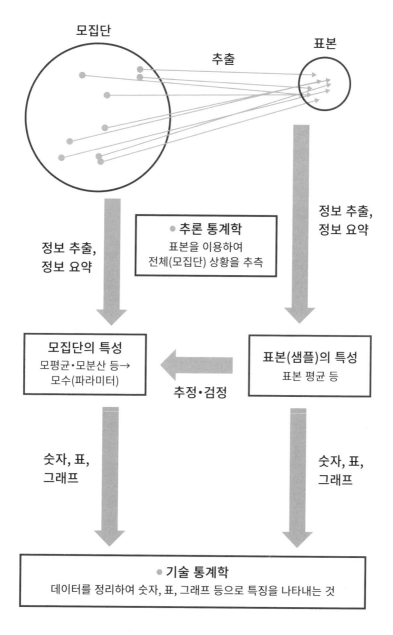

● 기술 통계학

기술 통계학은 데이터를 정리하여 숫자, 표, 그래프 등으로 특징을 나타냅니다.

후보자	표 수
K	366
U	84
Y	65
O	61
S	17
T	4
N	3
합계	600

도수분포표
(선거 결과)

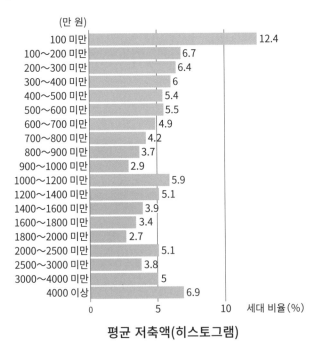

원그래프

평균 저축액(히스토그램)

● 추론 통계학

추론 통계학은 표본(샘플)을 이용하여 전체(모집단) 상황을 추측합니다.

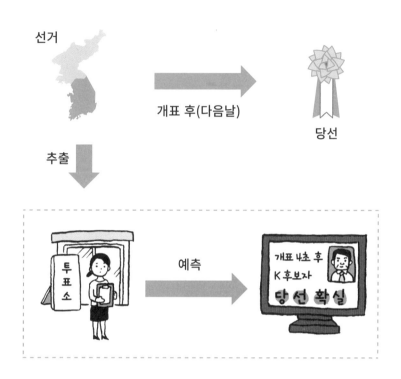

01. 기<u>   </u>은 데이터를 정리하고 나서 숫자, 표, 그래프 등으로 만들어
     특<u> </u>을 파악합니다.

02. 추<u>   </u>은 표본을 이용하여 전체(모집단) 상<u>   </u>을 추측합니다.

정답: 01. 기술 통계학, 특징   02. 추론 통계학, 상황

기초 지식 11 대푯값과 산포도

데이터를 분석할 때는 데이터의 특징, 경향, 흩어진 정도를 나타내는 지표가 필요합니다. 데이터의 특징이나 경향을 나타내는 지표를 대푯값이라 하며 평균값(mean), 중앙값(median), 최빈값(mode), 최댓값(maximum), 최솟값(minimum) 등이 있습니다. 평균값은 흔히 평균이라고도 합니다. 이 가운데 평균값, 최댓값, 최솟값은 자주 접하는 용어입니다.

대푯값 중에서 데이터가 흩어진 정도를 나타내는 지표를 산포도라 하며 표준편차(standard deviation), 분산(variance) 등이 있습니다. 대푯값과 산포도는 분야가 다르므로 하나만 이용하는 것이 아니라 각각 전문으로 하는 부분을 조합하여 사용합니다.

데이터의 특징과 경향을 파악	데이터가 흩어진 정도를 파악
대푯값	산포도
1. 평균값 · 기댓값	1. 표준편차 · 분산
2. 중앙값	2. 평균편차
3. 최빈값	3. 사분위수※
4. 최댓값 · 최솟값	4. 범위

※ 데이터를 작은 순서대로 나열한 뒤 4등분했을 때 경계에 해당하는 데이터

기초지식 12　대푯값은 최댓값·최솟값을 조사하는 것부터

최댓값과 최솟값은 자주 듣는 용어입니다. 정기 시험이 있을 때는 가장 점수가 좋은 사람(최댓값)이 누구인지 궁금해하곤 합니다. 수능에서 합격자의 최저 점수(최솟값)는 중요한 지표입니다.

최댓값과 최솟값, 즉 가장 큰 값과 가장 작은 값을 알면 데이터의 범위를 대략 알 수 있습니다. 또한 최댓값과 최솟값 모두 극단 데이터이므로 평균에서 얼마나 벗어난 값인지도 알 수 있습니다.

측정 오류나 입력 오류 등에 따라 데이터로는 어울리지 않는 이상값의 유무도 확인할 수 있습니다. 데이터에 이상값이 있으면 수정하여 해결할 수 있습니다.

우리는 평균값에 익숙하므로 일반적으로 분석에서는 평균값부터 계산하지만, 실제로 데이터를 분석할 때는 평균값이 아닌 최댓값과 최솟값부터 살펴봐야 합니다.

왜냐하면 원시 데이터(raw data)라고도 하는, 가공하지 않은 원 데이터를 분석할 때는 흔히 이상값이 포함될 때가 많습니다. 나중에 소개하겠지만, 이상값처럼 데이터로 적당하지 않은 수치가 있으면 평균 계산 결과가 이상해집니다. 따라서 평균값 등의 결과를 올바르게 반영하려면 반드시 최댓값·최솟값을 조사해야 합니다.

다만 최댓값과 최솟값은 양 끝의 값을 알려 줄 뿐 데이터의 내용은 알 수 없습니다. 데이터에 치우침이나 비틀어짐이 있다면 데이터를 올바르게 분석할 수 없다는 약점도 있습니다.

최댓값 · 최솟값의 장단점

구분	최댓값 · 최솟값
장점	• 구하기 쉽습니다. • 많은 사람이 알고 있으므로 설명할 필요가 없습니다. • 가장 큰 수, 가장 작은 수를 알면 데이터 범위를 알 수 있습니다. • 데이터에서 극단적인 값(벗어난 값)을 알 수 있습니다. • 데이터에 이상값이 있는지 확인할 수 있습니다.
단점	• 데이터 내용을 알 수 없습니다. • 데이터에 치우침이나 비틀어짐이 있다면 적절하게 분석하기 어렵습니다.

Do it! 예제

어떤 반 10명이 100점 만점인 시험을 치르고 다음과 같은 결과를 얻었다고 합니다. 최솟값과 최댓값을 구하여 이상값을 검증해 봅시다.

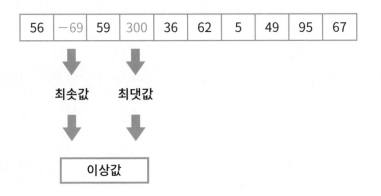

100점 만점 시험이므로 숫자는 0~100 사이여야 합니다. 그러므로 최솟값 -69나 최댓값 300은 이상값이라 판단할 수 있습니다. 알고 보니 '-69'는 데이터 '69'를 입력할 때 마이너스 기호인 '-'를 잘못 넣은 것이고, '300'은 데이터 '30'만 입력해야 하는데 '0'을 더했던 것입니다. 이에 데이터를 수정하고 점수를 낮은 순으로 다시 정렬하면 다음과 같습니다.

5	30	36	49	56	59	62	67	69	95

이 데이터를 그래프로 그리면 다음과 같습니다. 여기서 5와 95가 다른 데이터에서 벗어나므로 벗어난 값이라 할 수 있습니다.

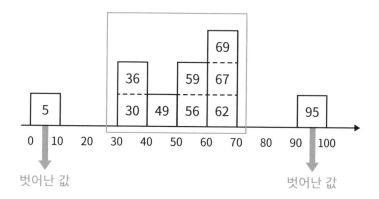

이처럼 최솟값이나 최댓값은 이상값이나 벗어난 값을 발견할 수 있게 해줍니다.

퀴즈로 정리하기

01. 최_____이나 최_____으로 '이상값'이나 '벗어난 값'을 발견할 수 있습니다.

정답: 01. 최댓값, 최솟값

평균 점수, 평균 연봉 등 '평균'이 들어간 말은 일상생활에서 흔히 사용합니다.
평균은 다음 식에서 보듯이 '데이터를 전부 더하고' 나서 '데이터의 개수로 나
누어' 구하면 됩니다. 이때 평균은 기호로 나타낼 수 있는데 m이나 그리스 문
자 μ를 이용합니다.

$$ 평균 = \frac{데이터\ 합계}{데이터\ 개수} = (데이터\ 합계) \div (데이터\ 개수) $$

계산하기도 알기도 쉬운 익숙한 식이므로 굳이 용어를 설명할 필요가 없다는
점이 강점입니다. 평균값이라는 용어가 통하지 않는 곳은 거의 없으니까요.

그러나 평균 계산 방법은 알아도 평균의 의미나 약점 등을 모르는 사람도 있을
것입니다. 평균은 말 그대로 데이터를 평평하게 균일화한 것입니다.

예를 들어 왼쪽 그림처럼 물 100mL와 300mL가 있고 한가운데에 이를 가로막
는 칸막이가 있다고 합시다. 이 칸막이를 없애면 오른쪽 그림과 같이 200mL
위치에서 평평해집니다. 이처럼 평평하게 균일화하는 것이 평균입니다.

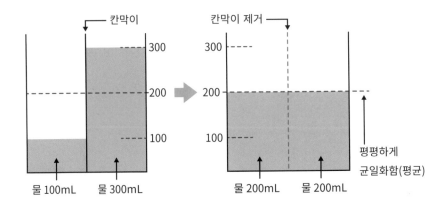

평균은 다음과 같이 계산합니다.

$$\frac{100 + 300}{2} = 200$$

예 80점, 50점, 70점, 40점의 평균 점수는 다음 그림처럼 구할 수 있습니다.

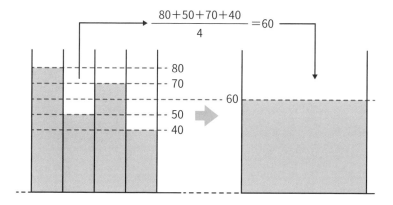

평균은 데이터를 한마디로 요약할 때 적당합니다. 특히 데이터가 균일하게 흩어졌을 때 데이터의 특성을 잘 나타냅니다. 그러나 데이터가 균일하지 않고 한쪽으로 치우친다면 평균은 대푯값으로 사용하기에 부족합니다.

데이터에 치우침이 있다면, 즉 최댓값과 최솟값 부분에서 설명한 이상값이나 벗어난 값이 있으면 평균값에 많은 영향을 주므로 대푯값으로 의미가 없을 때도 있습니다. 이처럼 데이터에 벗어난 값이 있을 때는 중앙값을 이용합니다(기초 지식 14 참고).

평균값의 장단점

구분	평균값
장점	• 계산하기 쉽습니다. • 많은 사람이 알고 있으므로 설명하지 않아도 쉽게 이해할 수 있습니다. • 데이터를 한마디로 요약할 때 적당합니다.
단점	• 데이터에 벗어난 값이나 이상값이 있다면 크게 영향을 받습니다.

01. 평   은 데이터를 한마디로 요약할 때 편리합니다.

02. 데이터에 이   이나 벗어난 값이 있으면 평균만으로는 부족합니다.

정답: 01. 평균   02. 이상값

기초지식 14 ▶ 평균을 사용할 수 없을 때는 '중앙값'을!

바로 앞에서 '평균은 이상값이나 벗어난 값 등의 극단적인 값에 크게 영향을 받는다.'라고 했습니다. 여기서는 전국 시도별 1인당 가상 저축액을 예로 들어 이 문제를 생각해 보겠습니다. 이를 다음과 같이 표와 히스토그램으로 나타냈습니다.

(단위: 만 원)

순위	시도	저축액
1	A시	1988.2
2	B시	764.9
3	C도	625.7
4	D시	560.2
5	E시	530.2

(단위: 만 원)

순위	시도	저축액
6	F도	524.2
7	G도	520.5
8	H도	512.3
9	I도	495.8
10	J도	476.1
전국 평균		624.0

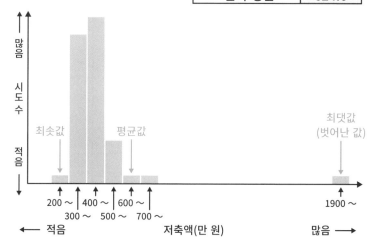

이런 데이터는 평균값이 아니라 최솟값과 최댓값을 먼저 봐야 합니다. 최솟값은 그리 벗어나지 않은 듯하나 최댓값인 A시의 저축액은 히스토그램이나 표를 보면 알 수 있듯이 많이 치우쳤습니다.

실제로 전국 평균 저축액 624만 원이 넘는 시도는 3곳뿐입니다. 이렇게 해서는 평균 저축액 624만 원이 대푯값 역할을 한다고 말하기는 어렵습니다.

그러면 이 데이터 중에서 A 시의 저축액을 보기 바랍니다. A 시에 사는 사람의 급여가 아무리 많다고 해도 한 사람당 약 2000만 원씩 저축할 수 있다는 것은 다른 시도에 비해 확실히 극단적입니다. 이 데이터를 볼 때 A 시에 사는 사람 중에는 저축을 더 많이 한 사람도 있을 겁니다.

그 밖에도 다음 그림과 같이 가상 '세대별 평균 저축액' 등에도 극단적인 값이 있습니다. 2명 이상으로 이뤄진 근로 세대가 저축한 금액은 어느 정도일지 살펴봅시다.

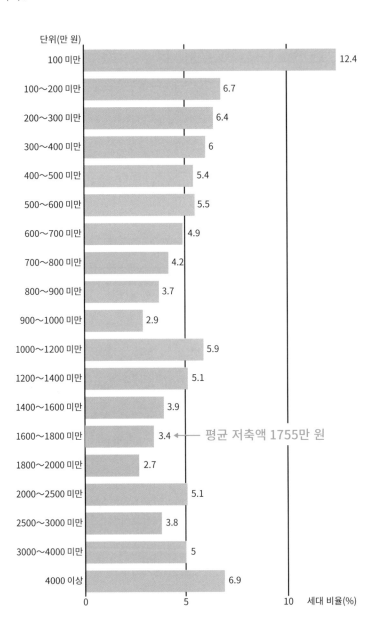

앞 그림을 보면 2명 이상인 세대의 평균 저축액은 무려 1755만 원입니다. 히스토그램을 보면 알 수 있듯이 여기서는 저축액 4000만 원 이상인 사람이 전체 평균을 끌어 올립니다.

이처럼 평균이 제 역할을 하지 못할 때는 보통 중앙값을 이용하지만, 상위와 하위를 제외하고 평균을 내는 절사평균(trimmed mean)이라는 방법도 있습니다. 참고로 엑셀에서는 trimmean이라는 함수가 이 기능을 제공합니다. 다만 절사평균은 뒤에 소개할 중앙값처럼 그리 잘 알려진 방법은 아닙니다.

기초 지식 15 평균을 계산할 때 '흔히 하는 실수'란?

Do it! 예제 ①

어떤 학교의 어떤 학년에 A, B 두 반이 있습니다. 같은 날 시험을 친 결과 A반 평균은 90점, B반 평균은 30점이었습니다. 두 반의 평균은 얼마일까요?

A반과 B반의 평균이 각각 90점, 30점이므로 다음과 같이 계산하면 될 듯합니다.

$$\frac{90+30}{2} = 60\text{점}$$

하지만 이 계산 방법은 올바르지 않습니다.

사실 이 문제의 답은 구할 수 없습니다. 평균값은 '합계÷개수'로 구할 수 있는데 이 문제에서는 합계도 사람 수도 알려 주지 않았으니까요. 답을 구하려면 A반과 B반의 학생 수 정보가 필요합니다.

극단적인 예를 들어 생각해 보겠습니다. 다음 왼쪽 그림처럼 '칸막이'가 한가운데가 아닌 한쪽으로 치우친 수조가 있다고 합시다. 가로축 눈금은 1회분이고 세로축은 밀리리터(mL)를 나타냅니다.

이처럼 치우친 '칸막이'가 있는 수조에서 칸막이를 없애면 다음 그림과 같이 될까요? 여기에서는 알기 쉽게 왼쪽에서 눈금 5개 위치에 칸막이를 두었습니다.

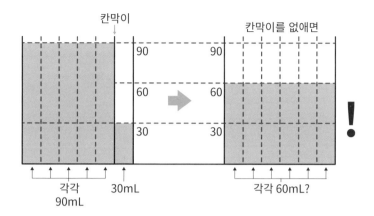

칸막이

칸막이를 없애면

90   90

60   60

30   30

각각
90mL

30mL

각각 60mL?

어딘가 이상하지 않나요? 30mL와 90mL의 평균은 한가운데인 60mL일 텐데 90mL 쪽에 좀 더 가까워질 듯한 느낌이 들지 않나요? 수조의 '칸막이' 위치가 한가운데가 아니라 한쪽으로 치우치면 평균에 어긋남이 생기듯이 사람 수를 모르면 평균에 어긋남이 생깁니다. 즉, 평균의 평균을 구할 때는 주의해야 합니다. 그러면 이 문제에 사람 수 정보를 더하여 정확한 평균을 구해 봅시다.

> **Doit! 예제②**
>
> 어떤 학교에 A, B 두 반이 있습니다. A반 50명, B반 10명이 같은 시험을 치른 결과 A반 평균은 90점, B반 평균은 30점이었습니다.
> 두 반의 평균은 얼마일까요?

먼저 각 반의 합계 점수를 구합니다.

    A반 50명의 합계 점수는 $50 \times 90 = 4500$

    B반 10명의 합계 점수는 $10 \times 30 = 300$

A반과 B반의 합계 점수를 A반, B반의 전체 학생 수 60명으로 나눕니다.

$$\frac{4500+300}{60}=\frac{4800}{60}=80$$

따라서 평균은 80점입니다. 참고로 이런 평균을 가중평균(weighted mean) 이라고 합니다.

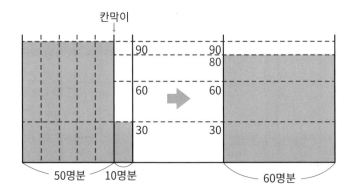

평균은 이상값이나 벗어난 값이 있으면 영향을 받기 쉽습니다. 이럴 때는 이상값이나 벗어난 값의 영향을 잘 받지 않는 대푯값인 중앙값을 이용합니다.

중앙값은 작은 순서(내림차순), 큰 순서(오름차순)로 정렬할 때 가운데 위치하는 값, 즉 한가운데 숫자입니다. 한가운데라 하면 평균을 떠올리는 사람도 많겠지만, 한가운데 숫자는 중앙값입니다. 다만, 데이터 개수가 짝수일 때와 홀수일 때는 구하는 방법이 조금 다릅니다.

다음 왼쪽 그림 처럼 데이터 개수가 홀수일 때는 한가운데가 1개이므로 문제가 없습니다. 그러나 오른쪽 그림처럼 데이터 개수가 짝수일 때는 한가운데가 2개이므로 두 값의 평균, 즉 2개 값을 더한 뒤 2로 나눈 값으로 합니다.

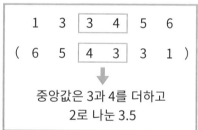

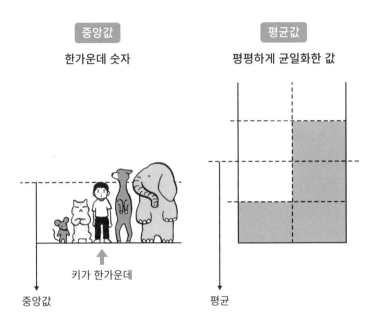

중앙값	평균값
한가운데 숫자	평평하게 균일화한 값

키가 한가운데

중앙값

평균

중앙값은 데이터에 치우침이 있어도 영향을 잘 받지 않는다는 장점이 있지만 반대로 약점도 있습니다.

우선, 평균값과 비교하여 잘 알려지지 않았으므로 용어 설명이 필요할 때가 있습니다. 또한 작은 순이나 큰 순으로 정렬해야 하며 데이터가 짝수일 때와 홀수일 때를 나누어 생각해야 합니다.

중앙값의 장단점

구분	중앙값
장점	• 데이터에 치우침이나 왜곡이 있어도 결과가 안정됩니다. • 평균값이 제대로 기능하지 못할 때도 사용할 수 있습니다.
단점	• 계산이 번거롭습니다(정렬, 경우에 따른 계산). • 데이터의 개수가 짝수일 때와 홀수일 때를 나누어 생각해야 합니다. 데이터 개수가 짝수이면 한가운데 있는 두 값의 평균을 중앙값으로 합니다. • 평균과 비교하면 잘 알려지지 않았습니다.

앞에서 살펴본 시도별 1인당 가상 저축액의 중앙값을 알아봅시다. 25개 시도가 있다고 가정하면 한가운데는 13번째입니다. 다음 표에서 보듯 13번째는 M도의 414.3만 원으로, 평균인 624.0만 원과 200만 원 정도 차이가 납니다.

이처럼 중앙값을 살펴보면 평균은 벗어난 값의 영향을 받는다는 것을 알 수 있습니다.

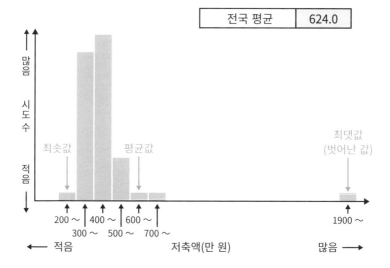

(단위: 만 원)

순위	시도	저축액
1	A 시	1988.2
2	B 시	764.9
3	C 도	625.7
4	D 시	560.2
5	E 시	530.2

(단위: 만 원)

순위	시도	저축액
6	F 도	524.2
7	G 도	520.5
…	…	…
13	M 도	414.3
…	…	…

전국 평균	624.0

퀴즈로 정리하기

01. 데이터의 개수가 짝   일 때는 한가운데 있는 두 값의 평균을 중   으로 합니다.

정답: 01. 짝수, 중앙값

학교에서는 학생회장을 선출할 때 등과 같이 다수결을 이용할 때가 많습니다. 이 다수결의 대푯값 버전이 바로 최빈값입니다. 최빈값이란 데이터 중에서 출현 횟수가 가장 많은 값을 말합니다.

숫자를 세기만 하면 되므로 계산할 필요는 없습니다. 또한 최빈값은 평균값이나 중앙값과 달리 숫자 데이터가 아닌 범주 데이터(명목 척도)에도 이용할 수 있습니다.

Do it! 예제 ①

3, 3, 4, 4, 4, 4, 4, 5, 5, 6, 7, 7, 8의 최빈값을 구하세요.

데이터 개수가 가장 많은 것은 4이므로 최빈값은 4입니다.

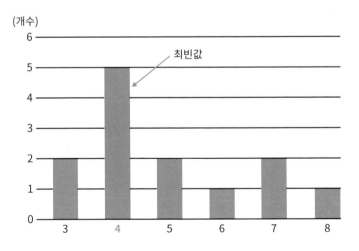

막대그래프를 보니 최빈값은 C 군이군요.

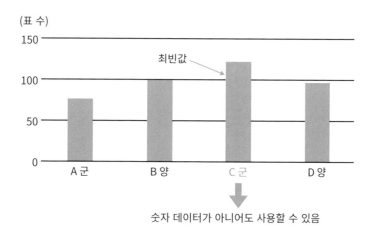

숫자 데이터가 아니어도 사용할 수 있음

최빈값의 장단점

구분	최빈값
장점	• 가장 자주 출현하는 값을 알 수 있습니다. • 데이터가 가장 많은 곳을 알 수 있습니다. • 가장 많은 데이터가 모인 곳을 알 수 있습니다. • 범주 데이터(명목 척도)에도 사용할 수 있습니다. • 소수나 분수가 없습니다(평균값이나 중앙값에는 있을 수 있습니다). • 계산이 간단합니다.
단점	• 전체 경향을 알 수 없습니다. • 평균값이나 중앙값과 달리 잘 알려지지 않았습니다.

시도별 1인당 가상 저축액의 최빈값을 알아봅시다. 저축액이 똑같은 시도는 없으므로 앞의 표처럼 100만 원 단위로 나누어 조사해 봅시다.

저축액	데이터 개수	저축액	데이터 개수
0~100만 원	0	500~600만 원	5
100~200만 원	0	600~700만 원	1
200~300만 원	1	700~800만 원	1
300~400만 원	18	…	…
400~500만 원	20	1900~2000만 원	1
500~600만 원	5	전국 평균: 624.0만 원	
		중앙값: 414.3만 원	

최빈값
450.0만 원

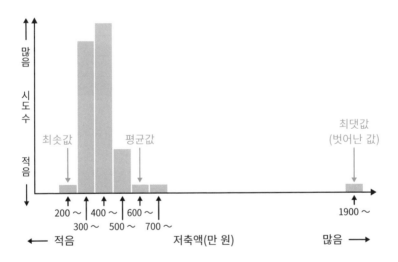

그러면 400만 원부터 500만 원인 시도가 가장 많다는 것을 알 수 있습니다. 이처럼 데이터를 범위로 구분할 때는 구간의 한가운데 값을 계급값이라고 하며 다양한 통계 계산에 활용합니다. 데이터를 범위로 나타낼 때 최빈값은 계급값을 이용하여 구합니다. 여기서는 데이터 범위가 가장 많은 400~500만 원 구간의 계급값은 한가운데 값인 450만 원이므로 최빈값은 450.0만 원이 됩니다.

퀴즈로
정리하기

01. 최[   ]은 데이터 가운데 출현 횟수가 가장 많은 값입니다.

02. 최빈값은 숫자 데이터뿐 아니라 명[   ]에서도 사용할 수 있습니다.

정답: 01. 최빈값   02. 명목 척도

02

집합과 확률 기호의 '완전' 기초

수학을 좋아하거나 싫어하는 큰 이유는 바로 '기호' 때문입니다. 기호는 일단 익숙해지면 편리하지만, 그렇지 못하면 점점 더 수학을 피하게 만드는 원인으로 작용합니다. 베이즈 통계에서는 집합과 확률 기호를 많이 사용하므로 이참에 익숙해지도록 합시다. 그러면 베이즈 통계를 더 깊이 이해할 수 있습니다.

베이즈 통계와 베이즈 확률 문제를 다룰 때 집합이나 확률 기호를 알아 두면 이해하기 쉽습니다. 먼저 무언가 모인 것을 집합이라고 합니다. 전체 집합은 영어로 universal set라 하므로 흔히 첫 글자를 따서 U로 나타냅니다.

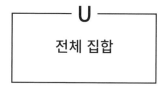

집합 A에 속하지 않은 집합을 $\overline{A}$로 나타냅니다.

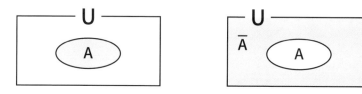

이런 그림을 벤 다이어그램이라고 합니다.

구체적인 예를 벤 다이어그램으로 나타내 봅시다. 주사위 1개를 던질 때 주사위 눈은 1부터 6까지이므로 전체 집합 U는 다음과 같습니다.

$$U = \{1, 2, 3, 4, 5, 6\}$$

이처럼 집합은 중괄호 { }를 이용하여 나타냅니다. 홀수 집합을 A라고 하면 A={1, 3, 5}입니다. 짝수는 홀수 집합 A에 포함되지 않으므로 $\overline{A}$라고 하면 $\overline{A}$ ={2, 4, 6}입니다.

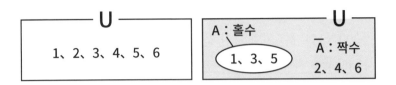

집합의 개수를 나타내는 기호도 함께 소개하겠습니다.

집합 A의 개수(number)는 n(A)로 나타냅니다.

A＝{1, 3, 5}에서 집합 A의 개수는 3이므로 n(A)＝3

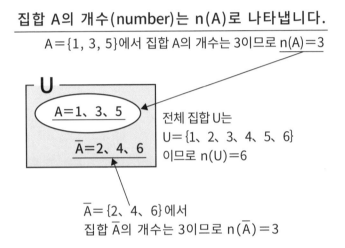

전체 집합 U는
U＝{1、2、3、4、5、6}
이므로 n(U)＝6

$\overline{A}$＝{2、4、6}에서
집합 $\overline{A}$의 개수는 3이므로 n($\overline{A}$)＝3

다음으로 확률 계산과 확률 기호를 알아보겠습니다. A가 일어날 확률을 P(A)로 나타냅니다. 확률은 영어로 probability이므로 첫 글자를 따서 P로 표현합니다.

A＝{1, 3, 5}이므로 P({1, 3, 5})라 쓰기도 합니다. 홀수 눈 A가 나올 확률 P(A)는 전체 집합 U＝{1, 2, 3, 4, 5, 6}에서 A＝{1, 3, 5}인 눈이 나오면 되므로 $\frac{3}{6} = \frac{1}{2}$입니다. 또한 짝수 눈 $\overline{A}$가 나올 확률 P($\overline{A}$)도 마찬가지로 $\frac{3}{6} = \frac{1}{2}$입니다.

주사위 1개를 던져서 홀수 눈 A가 나올 확률 P(A)는

전체 집합: U＝{1, 2, 3, 4, 5, 6}, 개수는 n(U)＝6

홀수 집합: A＝{1, 3, 5}, 개수는 n(A)＝3이므로

$$P(A) = \frac{홀수}{전체} = \frac{3}{6} = \frac{1}{2} \qquad \frac{n(A)}{n(U)}$$

짝수 집합＝홀수가 아닌 집합: $\overline{A}$ ＝{2, 4, 6}, n($\overline{A}$)＝3이므로

$$P(\overline{A}) = \frac{짝수}{전체} = \frac{3}{6} = \frac{1}{2} \qquad \frac{n(\overline{A})}{n(U)}$$

집합 A와 집합 B가 있을 때

집합 A와 집합 B를 합한 부분은 A∪B

집합 A와 집합 B의 공통 부분은 A∩B

로 나타냅니다.

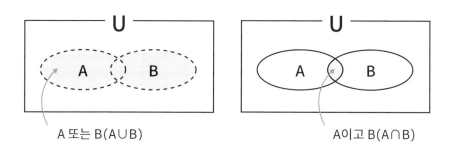

A 또는 B(A∪B)   A이고 B(A∩B)

주사위로 생각해 봅시다. 주사위를 한 번 던져서 홀수 눈이 나올 때를 A, 5 이상의 눈이 나올 때를 B라고 하고 각각 집합 기호로 나타내면 A＝{1, 3, 5},   B＝{5, 6}입니다.

이때 A와 B를 합한 부분은 A∪B={1, 3, 5, 6}이며, A와 B의 공통 부분은 A∩B={5}입니다.

이를 기호로 나타내면 A의 개수는 1, 3, 5로 3개이므로 n(A)=3이고, B의 개수는 5와 6으로 2개이므로 n(B)=2입니다. A 또는 B의 개수는 1, 3, 5, 6으로 4개이므로 n(A∪B)=4이고, A와 B의 공통 부분은 5뿐이므로 n(A∩B)=1입니다.

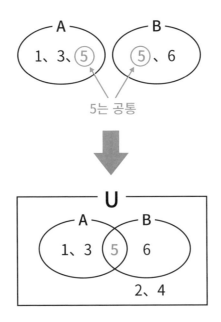

03장에서 설명할 조건부 확률에서는 벤 다이어그램 외에도 다음과 같은 편리한 두 번째 그림이 있습니다. 조건부 확률이나 베이즈 정리 문제를 생각할 때는 이 그림이 더 알기 쉬우므로 지금부터 조금씩 익숙해지도록 합시다. 이 책은 2가지 그림을 모두 사용하면서 두 번째 그림에 서서히 익숙해지도록 구성했습니다.

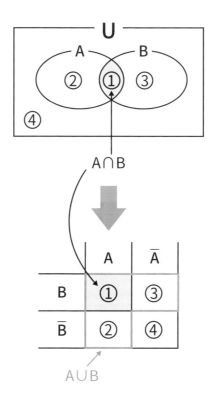

앞서 본 주사위를 예로 들면

    A: 홀수 눈이 나올 때

    B: 5 이상의 눈이 나올 때

라고 한다면

$\overline{A}$는 짝수 눈이 나올 때, $\overline{B}$는 4 이하의 눈이 나올 때가 됩니다.

A＝{1, 3, 5}
B＝{5, 6}
A∪B＝{1, 3, 5, 6}
A∩B＝{5}

입니다. 따라서

①은 A∩B이므로 ①＝{5}

②는 A＝{1, 3, 5}에서 ①(A∩B＝{5})를 제외하면 되므로 ②＝{1, 3}

③은 B＝{5, 6}에서 ①(A∩B＝{5})를 제외하면 되므로 ③＝{6}

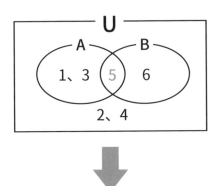

구분	A: 홀수	$\overline{A}$: 짝수
B	5	6
$\overline{B}$	1、3	2、4

퀴즈로 정리하기

01. 벤 다이어그램을 이용하면 집   을 시각적으로 이해할 수 있습니다.

02. 조건부 확률이나 베이즈 정리를 사용하여 문제를 다룰 때는 벤

이외에도 사용할 수 있는 다양한 그림이 있습니다.

정답: 01. 집합   02. 벤 다이어그램

02-1 구체적인 예로 '집합'과 '확률' 기호에 익숙해지자!

Doit! 예제

숫자 1~20이 적힌 20면체 주사위를 한 번 던집니다.

A: 홀수 눈이 나올 때

B: 4의 배수인 눈이 나올 때

C: 9 이상인 눈이 나올 때

D: 소수(2, 3, 5, 7, 11, 13, 17, 19)인 눈이 나올 때

로 정하고 U는 전체 집합이라 하겠습니다.

A, B, C, D, U의 개수 n(A), n(B), n(C), n(D), n(U)와 A, B, C, D의 확률 P(A), P(B), P(C), P(D)를 구하세요.

전체 집합 U는 1~20까지 20개이므로 이를 기호로 나타내면

$$n(U)=20$$

A(홀수 눈)는

$$A=\{1, 3, 5, 7, 9, 11, 13, 15, 17, 19\}$$

따라서 개수는 10개이므로 이를 기호로 나타내면

$$n(A)=10$$

A의 확률 '홀수 눈이 나올 확률' P(A)는

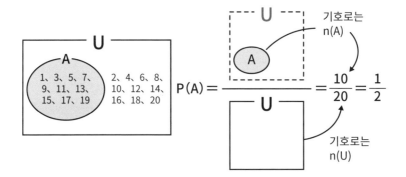

B(4의 배수인 눈)는

$$B=\{4, 8, 12, 16, 20\}$$

따라서 개수는 5개이므로 이를 기호로 나타내면

$$n(B)=5$$

B의 확률 '4의 배수인 눈이 나올 확률' P(B)는

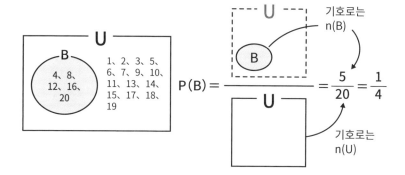

마찬가지로 C(9 이상인 눈)는

C＝{9, 10, 11, 12, 13, 14, 15, 16, 17, 18, 19, 20}

따라서 개수는 12개이므로 n(C)＝12

C의 확률 '9 이상인 눈이 나올 확률' P(C)는

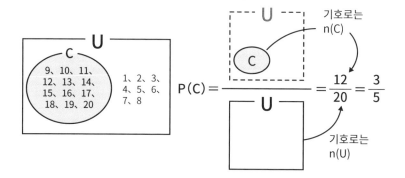

D＝{2, 3, 5, 7, 11, 13, 17, 19}

따라서 개수는 8개이므로 n(D)＝8

D의 확률 '소수 2, 3, 5, 7, 11, 13, 17, 19인 눈이 나올 확률' P(D)는 다음과
같습니다.

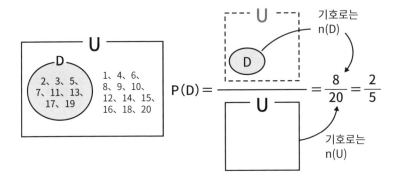

A: 홀수 눈이 나옴

B: 4의 배수인 눈이 나옴

C: 9 이상인 눈이 나옴

D: 소수(2, 3, 5, 7, 11, 13, 17, 19)인 눈이 나옴

이라 할 때 A, B, C, D의 여집합을 $\overline{A}$, $\overline{B}$, $\overline{C}$, $\overline{D}$라는 기호로 나타내고 개수를 구
해 봅시다.

$\overline{A}$: 짝수 눈이 나옴

$\overline{A}$＝{2, 4, 6, 8, 10, 12, 14, 16, 18, 20}

$n(\overline{A})$＝10

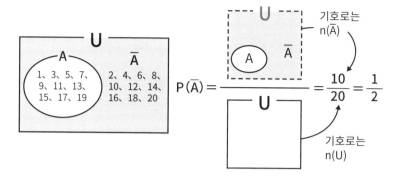

$P(\overline{A}) = \dfrac{}{} = \dfrac{10}{20} = \dfrac{1}{2}$

$\overline{B}$: 4로 나누어떨어지지 않는 눈이 나옴

$\overline{B}=\{1, 2, 3, 5, 6, 7, 9, 10, 11, 13, 14, 15, 17, 18, 19\}$

$n(\overline{B})=15$

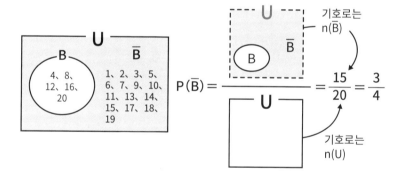

$P(\overline{B}) = \dfrac{}{} = \dfrac{15}{20} = \dfrac{3}{4}$

$\overline{C}$: 8 이하인 눈이 나옴

$\overline{C}=\{1, 2, 3, 4, 5, 6, 7, 8\}$

$n(\overline{C})=8$

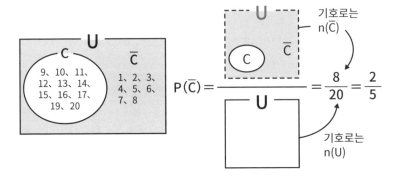

$\overline{D}$: 소수 이외의 눈이 나옴

$\overline{D}=\{1, 4, 6, 8, 9, 10, 12, 14, 15, 16, 18, 20\}$

$n(\overline{D})=12$

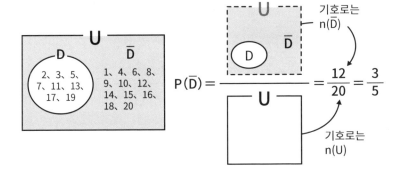

다음으로,

A: 홀수인 눈이 나옴

B: 4의 배수인 눈이 나옴

C: 9 이상인 눈이 나옴

D: 소수(2, 3, 5, 7, 11, 13, 17, 19)인 눈이 나옴

이라 할 때 A∪B, A∩B, A∪C, A∩C의 개수 n(A∪B), n(A∩B), n(A∪C), n(A∩C)와 확률 P(A∪B), P(A∩B), P(A∪C), P(A∩C)를 구해 봅시다.

A 또는 B(홀수 또는 4의 배수인 눈이 나옴)일 때는

A＝{1, 3, 5, 7, 9, 11, 13, 15, 17, 19}

B＝{4, 8, 12, 16, 20}이므로

A∪B＝{1, 3, 4, 5, 7, 8, 9, 11, 12, 13, 15, 16, 17, 19, 20}

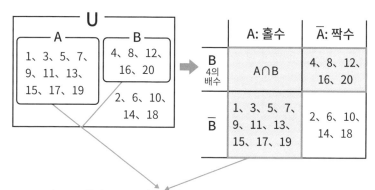

A∪B는 15개이므로, n(A∪B)＝15
A∪B의 확률 '홀수 또는 4의 배수인 눈이 나올 확률'
P(A∪B)는

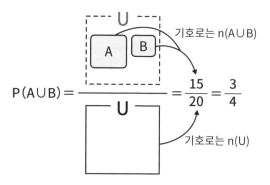

$$P(A \cup B) = \frac{15}{20} = \frac{3}{4}$$

기호로는 n(A∪B)

기호로는 n(U)

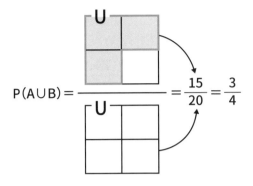

$$P(A \cup B) = \frac{}{} = \frac{15}{20} = \frac{3}{4}$$

● 공집합(φ)이란?

A와 B의 공통 부분에서 '홀수이고 4의 배수인 눈'이 나올 수는 없습니다. 이럴 때는 공집합(φ)을 사용하여 나타냅니다.

$$A \cap B = \phi$$

아무것도 없으므로 $n(A \cap B) = 0$입니다.

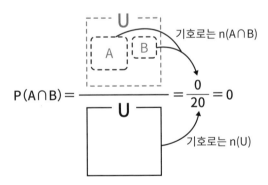

기호로는 $n(A \cap B)$

$$P(A \cap B) = \frac{}{} = \frac{0}{20} = 0$$

기호로는 $n(U)$

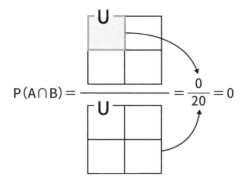

$$P(A \cap B) = \frac{}{} = \frac{0}{20} = 0$$

구분	A: 홀수	A̅: 짝수
B	0개	5개
B̅	10개	5개

A 또는 C(홀수 또는 9 이상인 눈이 나옴)일 때는 공통 부분에 주의하여

A＝{1, 3, 5, 7, 9, 11, 13, 15, 17, 19}

C＝{9, 10, 11, 12, 13, 14, 15, 16, 17, 18, 19, 20}

따라서

A∪C＝{1, 3, 5, 7, 9, 10, 11, 12, 13, 14, 15, 16, 17, 18, 19, 20}

이 되므로 n(A∪C)＝16입니다.

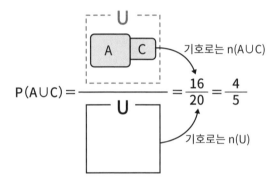

	A: 홀수	Ā: 짝수
C 9 이상	9、11、13、15、17、19	10、12、14、16、18、20
C̄	1、3、5、7	2、4、6、8

$$P(A \cup C) = \frac{\text{기호로는 } n(A \cup C)}{\text{기호로는 } n(U)} = \frac{16}{20} = \frac{4}{5}$$

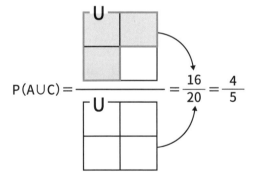

$$P(A \cup C) = \frac{}{} = \frac{16}{20} = \frac{4}{5}$$

A이고 C(홀수이고 9 이상의 눈이 나옴)는 A와 C의 공통 부분이므로

A={1, 3, 5, 7, 9, 11, 13, 15, 17, 19}

C={9, 10, 11, 12, 13, 14, 15, 16, 17, 18, 19, 20}

따라서 A∩C={9, 11, 13, 15, 17, 19}가 되므로 n(A∩C)=6입니다.

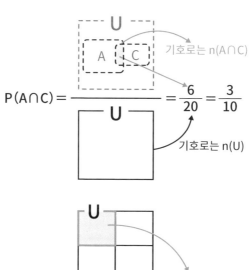

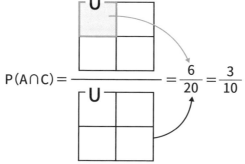

	A: 홀수	A̅: 짝수
C	6개	6개
C̅	4개	4개

퀴즈로 정리하기

01. 절대로 일어나지 않는 일은 공   (φ)으로 나타냅니다.

정답: 01. 공집합

03

조건부 확률이란?

조건부 확률은 일반적인 확률과 달리 쉽게 이해할 수 없는 부분이 있으나, 베이즈 정리와 베이즈 통계를 이해하려면 반드시 필요한 내용입니다. 먼저 '일반적인 확률'과 '조건부 확률'의 차이가 잘 드러나는 문제로 설명하겠습니다. 그런 다음 유명한 조건부 확률 관련 문제를 살펴보면서 좀 더 깊이 이해해 보겠습니다.

베이즈 통계를 배울 때는 조건부 확률을 빼놓을 수 없습니다. 그러나 다루기가 쉽지 않다는 것이 조건부 확률의 특징입니다. 여기서는 '일반적인 확률'과 '조건부 확률'을 비교하면서 개념을 구체적으로 이해해 보겠습니다. 먼저 전체 집합을 U라 합시다.

● 일반적인 확률

사건 A(A 부분)가 일어날 확률 P(A)는 다음처럼 구할 수 있습니다.

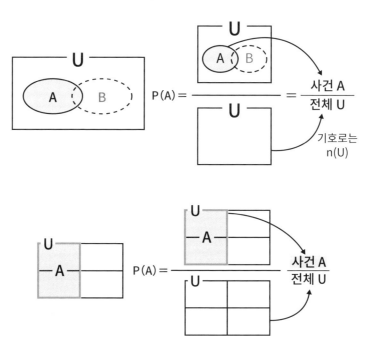

사건 B(B 부분)가 일어날 확률 P(B)는 다음처럼 구할 수 있습니다.

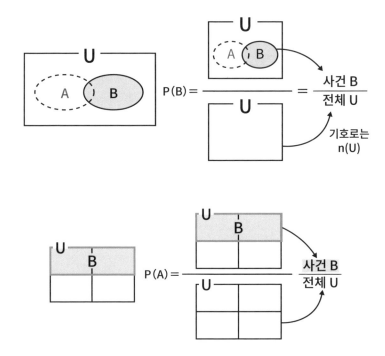

● 조건부 확률

조건부 확률은 용어만 봐도 알 수 있듯이 '조건이 있을 때의 확률'을 말하며, 확률의 분모가 전체가 아닌 일부분입니다.

먼저 정의와 기호부터 살펴봅시다.

사건 A가 일어났을 때 사건 B가 일어날 확률을 조건부 확률이라고 합니다. 기호로는 $P(B \mid A)$로 나타냅니다. 'P B 기븐(given) A' 또는 'P B 바(bar) A'라고 읽습니다. 이때 기호는 오른쪽부터 해석합니다.

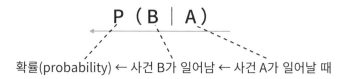

$$P(B \mid A)$$

확률(probability) ← 사건 B가 일어남 ← 사건 A가 일어날 때

그 밖에도 조건부 확률을 $P_A(B)$라 쓰기도 합니다.

이 조건부 확률의 정의는 '사건 A가 일어날 때 사건 B가 일어날 확률'이므로 다음과 같은 식으로 나타냅니다.

$$P(B \mid A) = \frac{P(A \cap B)}{P(A)} = \frac{\text{사건 A와 사건 B가 동시에 일어날 확률}}{\text{사건 A가 일어날 확률}}$$

'사건 A가 일어날 때'라는 조건이 있으므로 '사건 A가 일어날 때'가 확률의 분모가 됩니다.

뒤에서 소개할 베이즈 정리는 이 조건부 확률 공식을 변형하여 이끌어 냅니다. 그러므로 조건부 확률 공식을 익숙하게 사용할 수 있다면 베이즈 정리도 어렵지 않게 이해할 수 있습니다.

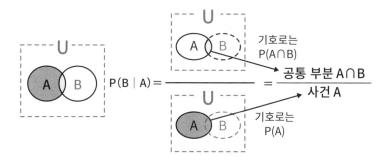

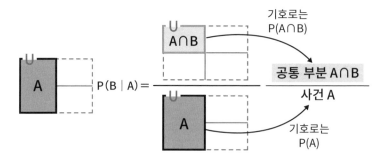

조건부 확률에서는 기호로 생각하는 습관을 들이는 것이 중요합니다. 기본 문제를 풀어 보면서 익숙해지도록 합시다.

Do it! 예제 ①

50명인 반에서 안경을 쓴 학생을 조사해 보니 다음 표와 같은 결과를 얻었습니다. 이 반에서 한 사람을 임의로 골라

사건 A: 이 사람이 여성이다.　　**사건 B:** 이 사람은 안경을 썼다.

라고 할 때 다음 각각의 조건부 확률을 기호로 나타내고 확률을 구하세요.

(1) 여성을 선택했을 때 그 사람이 안경을 썼다.

(2) 안경을 쓴 사람을 선택했을 때 그 사람이 여성이다.

구분	안경을 쓴 사람	안경을 쓰지 않은 사람	합계
남성	9	21	30
여성	3	17	20
합계	12	38	50

    사건 A   사건 B

(1) 여성을 선택했을 때 그 사람이 안경을 썼을 확률을 나타내는 기호는

$$P(B \mid A)$$

↑ 사건 B ↑ 사건 A

입니다. 여성은 20명이고 안경을 쓴 사람은 3명이므로

$$P(B \mid A) = \frac{3}{20}$$

사건 B   사건 A

(2) 안경을 쓴 사람을 선택했을 때 그 사람이 여성일 확률을 나타내는 기호는

$$P(A \mid B)$$
사건 A   사건 B

입니다. 안경을 쓴 사람은 12명이고 그중에 여성은 3명이므로 확률은

$$P(A \mid B) = \frac{3}{12} = \frac{1}{4}$$

입니다.

구분	안경을 쓴 사람	안경을 쓰지 않은 사람	합계
남성	9	21	30
여성	3	17	20
합계	12	38	50

이처럼 양쪽 모두 대상은 안경을 쓴 여성이지만, 조건에 따라 확률은 달라집니다.

Do it! 예제 ②

다음 표는 어떤 지자체의 1일 주민 전출입 현황을 집계한 결과입니다. 전출 신고서와 전입 신고서는 같은 용지를 사용하므로 언뜻 봐서는 구별할 수 없다고 가정합니다.

사건 A: 전입자   사건 B: 전출자

사건 C: 남성   사건 D: 여성

구분	전입자	전출자	합계
남성	23	27	50
여성	25	19	44
합계	48	46	94

전출입 신고서 용지 중에서 하나를 뽑는다고 할 때 다음 각각의 조건부 확률을 나타내는 기호와 확률을 구하세요.

(1) 이 용지가 남성의 신고서일 때 이 사람이 전입자일 경우

(2) 이 용지가 전입자의 신고서일 때 이 사람이 남성일 경우

(3) 이 용지가 전출자의 신고서일 때 이 사람이 여성일 경우

(1) 이 용지가 남성의 신고서일 때 이 사람이 전입자일 확률의 기호는

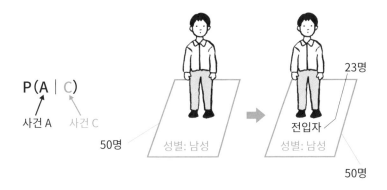

남성이 50명이고 전입자가 23명이므로

$$P(A \mid C) = \frac{23}{50}$$

구분	전입자	전출자	합계
남성	23	27	50
여성	25	19	44
합계	48	46	94

사건 A   사건 C

(2) 이 용지가 전입자의 신고서일 때 이 사람이 남성일 확률의 기호는

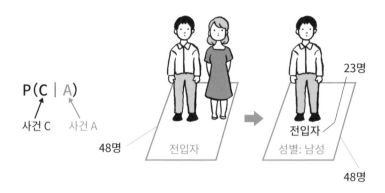

전입자가 48명이고 그중에 남성은 23명이므로

$$P(C \mid A) = \frac{23}{48}$$

구분	전입자	전출자	합계
남성	23	27	50
여성	25	19	44
합계	48	46	94

(3) 이 용지가 전출자의 신고서일 때 이 사람이 여성일 확률의 기호는

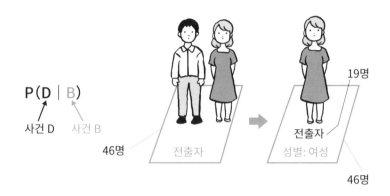

$$P(D \mid B)$$

사건 D   사건 B

전출자가 46명이고 그중에 여성은 19명이므로

$$P(D \mid B) = \frac{19}{46}$$

구분	전입자	전출자	합계
남성	23	27	50
여성	25	19	44
합계	48	46	94

퀴즈로
정리하기

01. 조건부 확률에서는 조[ ]을 어떻게 정하느냐에 따라 확[ ]이 달라집니다.

정답: 01. 조건, 확률

어떤 그룹 회원의 혈액형을 조사했는데 A형은 전체의 40%이고 A형 남성은
전체의 30%였습니다. 이 그룹에서 1명을 고를 때

사건 A: 고른 1명이 A형일 때

사건 B: 고른 1명이 남성일 때

라고 하겠습니다. $P(A)$, $P(A \cap B)$ 기호의 뜻을 설명하고 값을 구한 다음, A형
중에서 1명을 고를 때 그 사람이 남성일 확률을 구하세요.

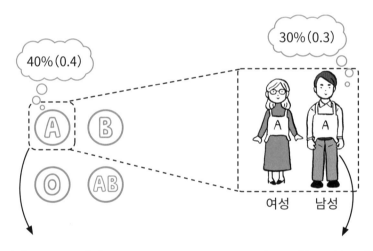

30%(0.3)

40%(0.4)

여성   남성

$P(A)$는 고른 1명이
A형일 확률이므로
$P(A) = 0.4$

$P(A \cap B)$는 고른 1명이
A형 남성일 확률이므로
$P(A \cap B) = 0.3$

조건을 모두 갖추었으므로 이제 공식을 이용해 봅시다. 여기서는 A∩B와 B∩A 가 같다는 것을 이용합니다.

사건 A   사건 B

고른 1명이 A형일 때 이 사람이 남성일 확률을

$$P(B \mid A) = \frac{P(A \cap B)}{P(A)} = \frac{0.3}{0.4} = \frac{3}{4} = 0.75$$

사건 B   사건 A

구분	A형
남성	0.3
여성	—
합계	0.4

퀴즈로 정리하기

01. 조건부 확률 공식은 다음과 같습니다.

$$P(B \quad) = \frac{P(A \cap B)}{P(A)}$$

$$= \frac{\text{사건 A와 사건 B가 동시에 일어날 확률}}{\text{사건 A가 일어날 확률}}$$

정답: 01. B | A

Doit! 예제 ④

1~6까지 눈이 있는 주사위를 한 번 던집니다.

사건 A: 홀수 눈이 나올 때

사건 B: 3의 눈이 나올 때

라고 할 때 P(A), P(B), P(A∩B), P(B | A), P(A | B)의 뜻을 설명하고 값을 각각 구하세요.

전체 집합 U는 1, 2, 3, 4, 5, 6이므로 이를 식으로 나타내면 U = {1, 2, 3, 4, 5, 6}입니다.

사건 A는 '홀수인 눈이 나옴'이므로 이 식은 A = {1, 3, 5}이며 사건 B는 '3의 눈이 나옴'이므로 이를 식으로 표현하면 B = {3}입니다.

P(A)는 A가 될 확률, 즉 '홀수의 눈이 나올 확률'입니다.

U						A: 홀수			A̅: 짝수		

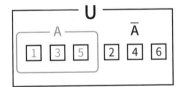

1~6의 눈에서 홀수인 눈 1, 3, 5가 나올 확률이므로

$$P(A) = \cfrac{\boxed{1}\ \boxed{3}\ \boxed{5}}{\boxed{1}\ \boxed{2}\ \boxed{3}\ \boxed{4}\ \boxed{5}\ \boxed{6}} = \frac{3}{6} = \frac{1}{2}$$

P(B)는 B가 될 확률, 즉 '3인 눈이 나올 확률'입니다.

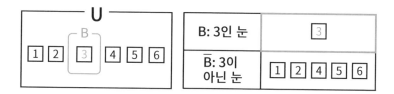

1~6의 눈에서 3인 눈이 나올 확률이므로

$$P(B) = \cfrac{\boxed{\begin{array}{c} B \\ 3 \end{array}}}{\boxed{\begin{array}{c} U \\ 1\ 2\ 3\ 4\ 5\ 6 \end{array}}} = \frac{1}{6}$$

P(A∩B)는 A∩B, 즉 A이고 B인 확률입니다. '홀수인 눈'이고 '3인 눈'이 나올 확률은 3인 눈이 나올 확률과 같으므로 A∩B와 B는 같습니다.

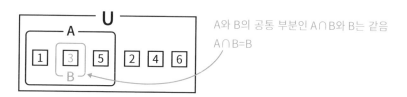

A와 B의 공통 부분인 A∩B와 B는 같음
A∩B=B

$$P(A∩B) = \cfrac{\boxed{\begin{array}{c} A∩B \\ 3 \end{array}}}{\boxed{\begin{array}{c} U \\ 1\ 2\ 3\ 4\ 5\ 6 \end{array}}} = \frac{1}{6}$$

P(B | A)는 A가 일어났을 때 B가 일어날 확률, 즉, '홀수인 눈이 나왔을 때 이것이 3인 눈일 확률'입니다. 그러므로 홀수 '1, 3, 5'의 3가지 눈에서 3인 눈이 나올 확률을 구하면 되므로

$$P(B \mid A) = \frac{\boxed{\begin{array}{c} \text{A∩B} \\ \boxed{3} \end{array}}}{\boxed{\begin{array}{c} \text{A} \\ \boxed{1}\ \boxed{3}\ \boxed{5} \end{array}}} = \frac{1}{3}$$

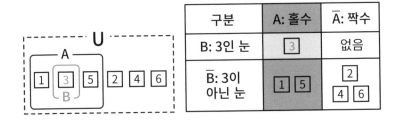

구분	A: 홀수	$\overline{\text{A}}$: 짝수
B: 3인 눈	$\boxed{3}$	없음
$\overline{\text{B}}$: 3이 아닌 눈	$\boxed{1}\ \boxed{5}$	$\boxed{2}$ $\boxed{4}\ \boxed{6}$

여기서 조건부 확률 공식과 비교해 봅시다. 조건부 확률 공식은 다음과 같습니다.

$$P(B \mid A) = \frac{P(A \cap B)}{P(A)} = \frac{\text{사건 A와 사건 B가 동시에 일어날 확률}}{\text{사건 A가 일어날 확률}}$$

여기까지 구한

$$P(A) = \frac{1}{2}, \quad P(A \cap B) = \frac{1}{6}, \quad P(B \mid A) = \frac{1}{3}$$

을 이용하여 확인해 보면

$$P(B \mid A) = \frac{P(A \cap B)}{P(A)} = \frac{\dfrac{1}{6}}{\dfrac{1}{2}} = \frac{1}{3}$$

이 되므로 공식이 성립한다는 것을 알 수 있습니다.

조건부 확률에서는 앞의 식처럼 분모와 분자가 분수인 번분수가 되므로 조금 복잡한 느낌입니다. 이 책에서는 가능한 한 분수에 분수가 포함되는 형태를 피하여 좀 더 쉽게 이해할 수 있도록 하겠습니다.

다음으로, P(A | B)는 B가 일어났을 때 A가 일어날 확률, 즉 3인 눈(B)이 나왔을 때 이것이 홀수 눈(A)일 확률입니다. 3은 홀수이므로 이는 당연합니다. 그러므로 답은 1입니다.

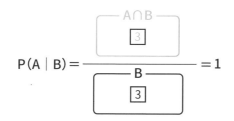

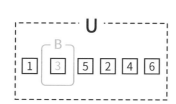

구분	A: 홀수	A̅: 짝수
B: 3인 눈	3	없음
B̅: 3이 아닌 눈	1 5	2 4 6

그러면 유명한 조건부 확률 문제 2가지를 살펴보겠습니다. 먼저 '3개의 옷장 문제'입니다.

Do it! 예제

옷장이 3개 있습니다. 옷장마다 서랍이 2개씩 있습니다. 첫 번째 옷장의 서랍에는 금화가 1개씩, 두 번째 옷장의 서랍에는 금화와 은화가 각 1개씩, 세 번째 옷장의 서랍에는 은화가 1개씩 들어 있습니다.

지금 무작위로 옷장 하나를 골라 서랍 하나를 열었더니 금화가 들어 있었습니다. 이때 이 옷장의 다른 한쪽 서랍에도 금화가 들어 있을 확률을 구하세요.

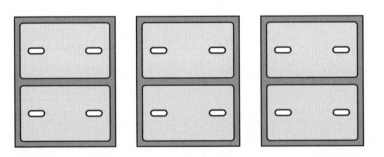

문제 상황을 다시 정리해 봅시다. 옷장을 각각 X, Y, Z라 하고 금화에 1~3, 은화에 4~6의 번호를 붙입니다.

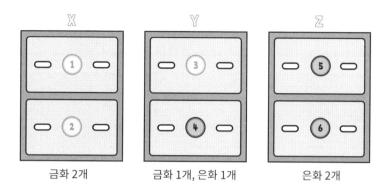

| 금화 2개 | 금화 1개, 은화 1개 | 은화 2개 |

'옷장 서랍 하나를 열었더니 금화였으므로 옷장은 X나 Y 중 하나이고 남은 서랍에 금화가 든 것은 X이므로 구하는 확률은 $\frac{1}{2}$'이라 하면 될 듯합니다. 그러나 올바른 확률은 $\frac{2}{3}$입니다. 왜 그럴까요?

구체적으로 생각해 봅시다. 서랍 하나를 열었더니 금화가 들어 있었으므로 그 금화는 1~3 중 하나입니다.

금화 1을 꺼냈다면 다른 쪽 서랍에는 금화 2 → ○

금화 2를 꺼냈다면 다른 쪽 서랍에는 금화 1 → ○

금화 3을 꺼냈다면 다른 쪽 서랍에는 은화 4 → ×

따라서 구하는 확률은 $\frac{2}{3}$입니다.

다음으로, 이를 조건부 확률로 풀어 봅시다.

사건 A: 옷장 하나를 골라 서랍 하나를 열었더니 금화가 들어 있었습니다.

사건 B: 나머지 서랍에는 금화가 들어 있었습니다.

라고 하겠습니다. 이럴 때는 $P(A)$, $P(A \cap B)$, $P(B \mid A)$ 순서로 구해 봅니다.
$P(A)$는 '옷장 하나를 골라 서랍 하나를 열었을 때 금화가 들어 있을' 확률입니다. 금화와 은화는 모두 6개입니다. 그중에 금화는 3개이므로 구하는 확률은
$P(A) = \dfrac{3}{6} = \dfrac{1}{2}$입니다.

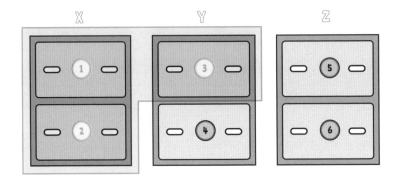

다음으로, $A \cap B$의 확률, 즉 '옷장 하나를 골라 서랍 하나를 열었을 때 금화가 들어 있고 나머지 서랍에도 금화가 들어 있을' 확률 $P(A \cap B)$를 구합니다. 이는 옷장 X, 옷장 Y, 옷장 Z 중에 옷장 X를 고르면 되므로

$$P(A \cap B) = \frac{1}{3}$$

구하고자 하는 것은 '옷장 하나를 골라 서랍 하나를 열었더니 금화가 들어 있을'(A) 때 '나머지 서랍에도 금화가 들어 있을'(B) 확률입니다.

즉, A일 때 B일 확률이므로 기호로는 $P(B \mid A)$입니다.

$$P(B \mid A) = \frac{P(A \cap B)}{P(A)} = \frac{\dfrac{1}{3}}{\dfrac{1}{2}} = \frac{2}{3}$$

01. 정답은 $\frac{1}{2}$ 이 아닙니다!

02. 이 문제에서 구해야 하는 것은 옷장 하나를 골라 서랍 하나를 열었더니 금<u>화</u>
가 들어 있을 때 나머지 서랍에도 금화가 들어 있을 <u>확률</u> 입니다.

정답: 02. 금화, 확률

03-4 유명한 조건부 확률 문제 ②
'옆집에 모자를 두고 온 K 군' 문제

> **Do it! 예제**
>
> 5번에 1번꼴로 모자를 어딘가에 두고 오는 버릇이 있는 K 군이 설날에 A 댁,
> B 댁, C 댁을 차례대로 세배하러 갔습니다. 그런데 K 군이 집에 돌아왔을 때
> 세 곳 가운데 어딘가에 모자를 두고 온 것을 알았습니다. 이때 두 번째 방문한
> B 댁에 두고 왔을 확률을 구하세요.

문제의 내용을 그림으로 나타내 봅시다.

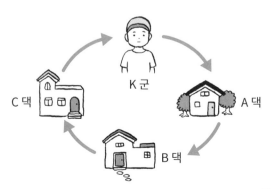

A 댁을 나왔을 때 $\frac{1}{5}$의 확률로 모자를 두고 오거나 $\frac{4}{5}$ 확률로 모자를 쓰고 B 댁으로 향합니다. 확률 계산이 분수가 되므로 분수 계산을 피하고자 과감하게 'K 군 1,000명이 세배를 다닌다.'라고 하겠습니다. K 군 1000명이 A 댁을 나왔을 때 $\frac{1}{5}$은 모자를 두고 오므로, $1000 \times \frac{1}{5} = 200$명의 K 군은 모자를 두고 오고 $1000 \times \frac{4}{5} = 800$명의 K 군은 모자를 쓰고 B 댁으로 향합니다.

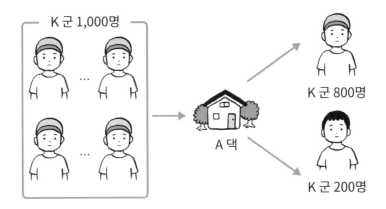

B 댁에 도착했을 때 모자를 쓴 K 군은 800명입니다. 이 800명 중 $800 \times \frac{1}{5} = 160$명의 K 군은 모자를 두고 오고 $800 \times \frac{4}{5} = 640$명의 K 군은 모자를 쓴 채 C 댁으로 향합니다.

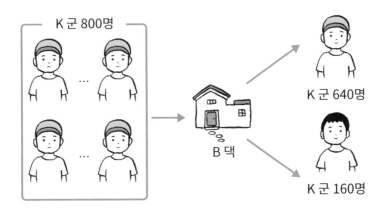

C 댁에 도착했을 때 모자를 쓴 사람은 640명입니다. 이 640명 중 $640 \times \frac{1}{5} =$ 128명의 K 군은 모자를 두고 오고 $640 \times \frac{4}{5} = 512$명의 K 군은 모자를 썼습니다.

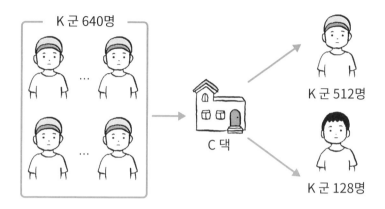

지금까지 설명한 내용을 표로 정리하면 다음과 같습니다.

구분	A 댁을 나옴	B 댁을 나옴	C 댁을 나옴
모자를 쓰고 옴	800 명	640 명	512 명
모자를 두고 옴	200 명	160 명	128 명

모자를 두고 온 K 군 중에 B 댁에 두고 온 K 군을 알고자 하므로 다음과 같이 계산합니다.

$$\frac{160}{200+160+128} = \frac{160}{488} = \frac{20}{61}$$

이를 확률 공식으로 검증해 봅시다.

먼저 사건을 K 군이 세 곳에서 '모자를 쓰고 나올 때', '모자를 두고 나올 때'로 나누어 정리합니다.

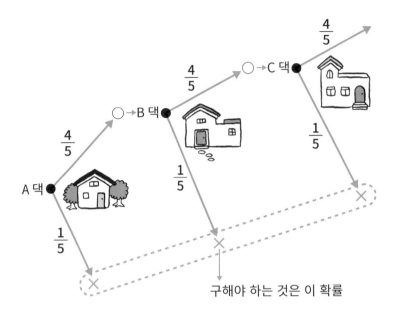

$$\frac{4}{5}$$

○→C 댁

$$\frac{4}{5}$$

○→B 댁

$$\frac{4}{5}$$

$$\frac{1}{5}$$

A 댁

$$\frac{1}{5}$$

$$\frac{1}{5}$$

구해야 하는 것은 이 확률

또한

사건 A: K 군이 모자를 쓴 채 A 댁을 나옴

사건 B: K 군이 모자를 쓴 채 B 댁을 나옴

사건 C: K 군이 모자를 쓴 채 C 댁을 나옴

사건 D: K 군이 A 댁에 모자를 두고 나옴

사건 E: K 군이 B 댁에 모자를 두고 나옴

사건 F: K 군이 C 댁에 모자를 두고 나옴

이라 하겠습니다. 예제에 '어딘가에 모자를 두고 왔다는 것을 알았다.'라는 내용이 있으므로 A 댁, B 댁, C 댁 각각의 장소에 모자를 두고 올 확률을 구해야 합니다.

A 댁에 모자를 두고 올 확률은 P(D)입니다.

B 댁에 모자를 두고 올 확률은 A 댁에서 모자를 쓴 채 나와 B 댁에 모자를 두고 올 확률이므로 P(A∩E)입니다. A 댁에서 모자를 쓴 채 나올 확률은 P(A)입니다.

C 댁에 모자를 두고 올 확률은 A 댁과 B 댁에서 모자를 쓴 채 나와 C 댁에 모자를 두고 올 확률이므로 P(A∩B∩F)입니다. A 댁, B 댁에서 모자를 쓴 채 나올 확률은 P(A∩B)입니다.

지금부터 P(A), P(D), P(A∩E), P(A∩B), P(A∩B∩F) 순서로 필요한 확률을 구하도록 합시다.

또한 A 댁, B 댁, C 댁 모두 모자를 잊지 않고 세배를 끝날 확률 P(A∩B∩C)는 이 예제를 풀 때는 필요 없으나 결과만 마지막에 소개하겠습니다.

P(A)는 K 군이 A 댁에서 모자를 쓴 채 나올 확률이므로

$$P(A) = \frac{4}{5}$$

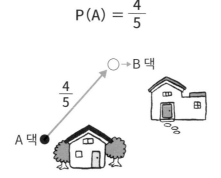

P(D)는 K 군이 A 댁에 모자를 두고 올 확률이므로

$$P(D) = \frac{1}{5}$$

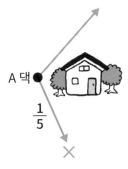

A 댁 $\frac{1}{5}$

※ 마찬가지로 P(E), P(F)도 $\frac{1}{5}$

P(A∩E)는 K 군이 A 댁에서 모자를 쓰고 나와 B 댁에 모자를 두고 올 확률이
므로

$$P(A∩E) = \frac{4}{5} \times \frac{1}{5}$$

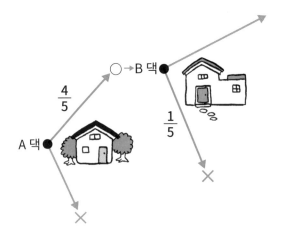

B 댁 $\frac{4}{5}$ $\frac{1}{5}$

A 댁

P(A∩B)는 K 군이 A 댁, B 댁에서 모자를 쓰고 나올 확률이므로

$$P(A \cap B) = \frac{4}{5} \times \frac{4}{5}$$

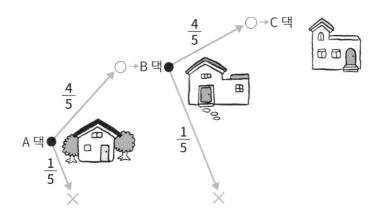

P(A∩B∩F)는 K 군이 모자를 쓴 채 A 댁, B 댁을 나와 C 댁에 모자를 두고 올 확률이므로

$$P(A \cap B \cap F) = \frac{4}{5} \times \frac{4}{5} \times \frac{1}{5}$$

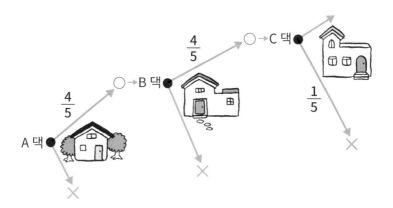

P(A∩B∩C)는 K 군이 모자를 쓴 채 A 댁, B 댁, C 댁에서 나올 확률이므로

$$P(A \cap B \cap C) = \frac{4}{5} \times \frac{4}{5} \times \frac{4}{5}$$

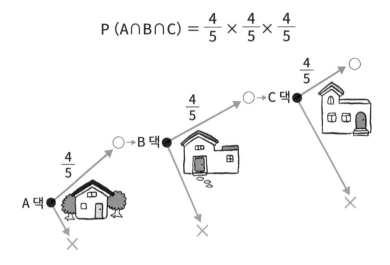

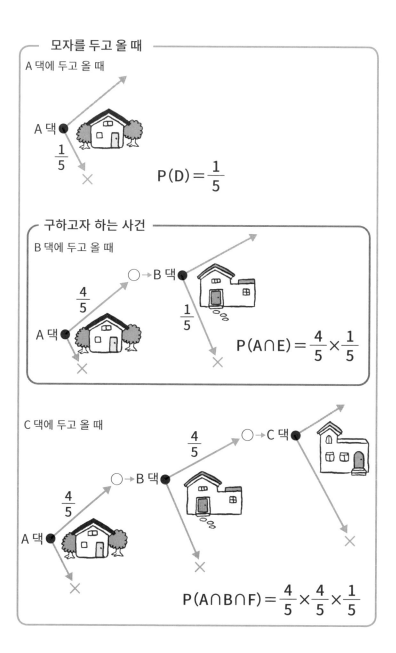

모자를 두고 올 때

A 댁에 두고 올 때

A 댁 $\frac{1}{5}$

$P(D) = \frac{1}{5}$

구하고자 하는 사건

B 댁에 두고 올 때

B 댁 $\frac{4}{5}$ $\frac{1}{5}$ A 댁

$P(A \cap E) = \frac{4}{5} \times \frac{1}{5}$

C 댁에 두고 올 때

C 댁 $\frac{4}{5}$ B 댁 $\frac{4}{5}$ A 댁

$P(A \cap B \cap F) = \frac{4}{5} \times \frac{4}{5} \times \frac{1}{5}$

이와 같이 조사하여 확률을 정리하면 다음 표와 같습니다.

구분	A 댁을 나옴	B 댁을 나옴	C 댁을 나옴
모자를 쓰고 옴	$\dfrac{4}{5}$	$\dfrac{4}{5} \times \dfrac{4}{5}$	$\dfrac{4}{5} \times \dfrac{4}{5} \times \dfrac{4}{5}$
모자를 두고 옴	$\dfrac{1}{5}$	$\dfrac{4}{5} \times \dfrac{1}{5}$	$\dfrac{4}{5} \times \dfrac{4}{5} \times \dfrac{1}{5}$

그러므로 K 군이 2번째 B 댁에서 모자를 두고 나올 확률은 다음과 같습니다.

$$\frac{\dfrac{4}{5} \times \dfrac{1}{5}}{\dfrac{1}{5} + \left(\dfrac{4}{5} \times \dfrac{1}{5}\right) + \left(\dfrac{4}{5} \times \dfrac{4}{5} \times \dfrac{1}{5}\right)} = \frac{\dfrac{4}{25}}{\dfrac{1}{5} + \dfrac{4}{25} + \dfrac{16}{125}}$$

이 식의 분자와 분모를 125배 하면 답을 구할 수 있으나 일부러 분모와 분자를 1000배로 하면

$$\frac{160}{200 + 160 + 128} = \frac{160}{488} = \frac{20}{61}$$

어디선가 본 적이 있는 식이 아닌가요? 그렇습니다. 99쪽에서 본 식과 같습니다. 위 표도 1000배 하면 99쪽에서 본 숫자가 됩니다.

구분	A 댁을 나옴	B 댁을 나옴	C 댁을 나옴
모자를 쓰고 옴	800 명	640 명	512 명
모자를 두고 옴	200 명	160 명	128 명

또한 이 식($\dfrac{160}{200+160+128}$)을 기호로 나타내면

$$\frac{P(A \cap E)}{P(D) + P(A \cap E) + P(A \cap B \cap F)}$$

와 같이 복잡한 식이 되지만, 교과서에서는 다음과 같이 간단하게 정리하곤 합니다. 여기서는 K 군이 모자를 두고 올 확률 사건을 G라 하면 분모를 P(G)로 바꿀 수 있으므로

$$\frac{P(A \cap E)}{P(G)}$$

로 간단히 정리할 수 있습니다.

퀴즈로 정리하기

01. 분수 계산을 피하고자 1   배로 곱했습니다.

정답: 01. 1000

> **Do it! 예제 ①**
>
> 구슬 11개 중에서 4개가 당첨되는 뽑기가 있습니다. 단, 뽑은 구슬은 다시 넣지 않기로 합니다. 당첨 구슬을 ●, 꽝인 구슬을 ○라 하겠습니다.
>
>
>
> **사건 A**: 첫 번째에 당첨 구슬을 뽑음
> **사건 B**: 두 번째에 당첨 구슬을 뽑음
>
> 이라 할 때, P(A), P(A∩B), P(B | A), P(B), P(A | B)의 뜻을 설명하고 그 값을 구하세요.

P(A)는 A가 일어날 확률, 즉 '첫 번째에 당첨 구슬을 뽑을' 확률입니다. 11개 중에서 4개가 당첨 구슬이므로 다음과 같습니다.

$$P(A) = \frac{4}{11}$$

P(A∩B)는 A와 B가 동시에 일어날 확률, 즉 '첫 번째에 당첨 구슬을 뽑고 두 번째도 당첨 구슬을 뽑을' 확률입니다.

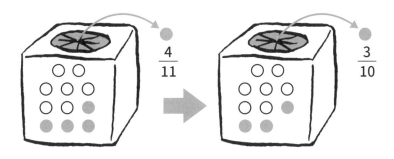

첫 번째에 당첨 구슬을 뽑음 ➡ 두 번째에 당첨 구슬을 뽑음

$$P(A \cap B) = \frac{4}{11} \times \boxed{\frac{3}{10}} = \frac{6}{55}$$

P(B | A)는 A일 때(조건) 보기가 될 확률, 즉 첫 번째에 당첨 구슬을 뽑았을 때(조건) 두 번째에도 당첨 구슬을 뽑을 확률 입니다. 그러므로 P(A∩B)를 구할 때 사용한 테두리(□) 부분의 확률($\frac{3}{10}$)만 조건부 확률이 되므로 이를 이용합니다.

$$P(B \mid A) = \frac{3}{10}$$

※ P(B | A) → A일 때(조건) B가 될 확률 → B만 일어날 확률

　 P(A∩B) → A와 B가 동시에 일어날 확률 → A도 B도 모두 일어날 확률

P(B)는 B가 일어날 확률, 즉 두 번째에 당첨 구슬을 뽑을 확률이므로 다음과 같이 ①, ②의 경우로 나누어 생각합니다.

① 첫 번째에 당첨 구슬을 뽑고 두 번째에도 당첨 구슬을 뽑음(P(A∩B))

② 첫 번째에 꽝인 구슬을 뽑고 두 번째에 당첨 구슬을 뽑음

①은 P(A∩B)로, 앞에서 이미 구했습니다. 이번에는 ②를 알아봅니다.

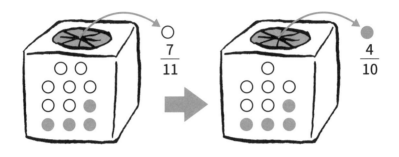

첫 번째에 꽝인 구슬을 뽑음 ➡ 두 번째에 당첨 구슬을 뽑음

$$P(B) = \frac{4}{11} \times \frac{3}{10} + \frac{7}{11} \times \frac{4}{10} = \frac{6}{55} + \frac{14}{55} = \frac{20}{55} = \frac{4}{11}$$

①: P(A∩B)

첫 번째에 꽝인 구슬을 뽑고,
두 번째에 당첨 구슬을 뽑을 확률

이는 두 번째에 당첨 구슬을 뽑을 확률이지만, 첫 번째에 당첨 구슬을 뽑을 확률 P(A)와 똑같습니다. 우연일까요?

아니죠, 우연이 아닙니다. 세 번째에 당첨 구슬을 뽑을 확률도 네 번째에 당첨 구슬을 뽑을 확률도 모두 같습니다. 요컨대 복권을 가장 먼저 산 사람도 가장 나중에 산 사람도 1등에 당첨될 확률은 변함이 없습니다.

P(A | B)는 두 번째 당첨 구슬을 뽑았을 때 첫 번째에도 당첨 구슬을 뽑았을 확률입니다. 첫 번째에 당첨 구슬을 뽑았을 확률이므로

$$P(A \mid B) = \frac{4}{11}$$

라고 하고 끝내고 싶지만, 그래서는 안 됩니다. '두 번째 당첨 구슬을 뽑았을 때 첫 번째도 당첨 구슬'과 같이 평소에는 시간이 거꾸로 흐르는 확률을 구할 일이 없습니다. 이처럼 평소에는 구하지 않는 문제를 풀 때 답이 직감과는 다를 때가 있습니다. 이를 조건부 확률 공식에 대입해 계산하면

$$P(A \mid B) = \frac{P(A \cap B)}{P(B)} = \frac{\dfrac{6}{55}}{\dfrac{4}{11}} = \frac{3}{10}$$

이 됩니다. 이 결과는 당첨 구슬을 뽑을 확률($\frac{4}{11}$)과 다릅니다. 이 이유를 알아 보고자 다음 예제를 살펴봅시다.

Do it! 예제 ②

11개 가운데 당첨 구슬 4개를 뽑습니다. 첫 번째에 뽑은 구슬이 당첨인지 꽝인 지 확인하지 않고 두 번째 이후의 구슬을 뽑습니다. 두 번째, 세 번째, 네 번째, 다섯 번째가 연속으로 당첨 구슬을 뽑을 때 첫 번째에 당첨 구슬을 뽑았을 확률 을 구하세요.

이런 조건이 있는 문제라도 첫 번째에 당첨 구슬을 뽑을 확률은 $\frac{4}{11}$일까요?

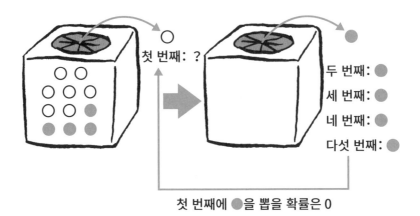

첫 번째 꽝인 구슬을 뽑음 ➡ 두 번째 당첨 구슬을 뽑음

첫 번째: ?

두 번째: ●
세 번째: ●
네 번째: ●
다섯 번째: ●

첫 번째에 ●을 뽑을 확률은 0

두 번째, 세 번째, 네 번째, 다섯 번째에 당첨 구슬을 뽑았으므로 당첨 구슬은 더는 없습니다. 즉, 첫 번째에 당첨 구슬을 뽑았을 확률은 0입니다.

이 예제에서 알 수 있듯이 확률은 변하지 않지만 '조건부 확률'은 달라집니다. '조건부 확률'은 직감을 뒤엎는 수학으로, 미래가 과거에 영향을 줍니다.

이 사고방식은 '베이즈 정리'로 이어집니다. 또한 직감을 뒤엎는 문제인 '몬티 홀 문제'나 '3명의 죄수 문제'(04장) 등과도 관련이 있습니다.

퀴즈로 정리하기

01. 복권은 맨 처음에 사든 가장 마지막에 사든 1   에 당첨될 확률은 똑같습니다.

02. 평소에는 구하지 않는 문제를 풀 때 그 답이 직   과 어긋날 때가 있습니다.

03. '확률'은 달라지지 않지만 조   은 달라집니다.

정답: 01. 1등 02. 직감 03. 조건부 확률

여기서는 다음 예제를 이용하여 베이즈 정리가 만들어지는 과정을 살펴보겠습니다.

Doit! 예제

어떤 반에서 가정용 게임기와 PC의 보유율을 조사했습니다.

- X 학생에 따르면 가정용 게임기와 PC 모두 있는 사람은 30%
- Y 학생에 따르면 가정용 게임기가 있는 사람은 50%이고 그중에 PC가 있는 사람은 60%
- Z 학생에 따르면 PC가 있는 사람은 60%이고 그중에 가정용 게임기가 있는 사람은 50%

사건 A: 가정용 게임기가 있는 사람

사건 B: PC가 있는 사람

이라고 할 때

X 학생의 말을 이용하여 $P(A \cap B)$

Y 학생의 말을 이용하여 $P(A)$, $P(B \mid A)$, $P(A \cap B)$

Z 학생의 말을 이용하여 $P(B)$, $P(A \mid B)$, $P(A \cap B)$

를 구하세요.

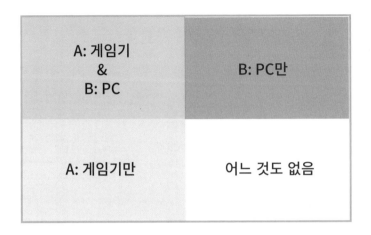

X 학생에 따르면 가정용 게임기와 PC 둘 다 있는 사람은 30%이므로

$$P(A \cap B) = \frac{30}{100} = \frac{3}{10}$$

Y 학생에 따르면 가정용 게임기가 있는 사람이 50%이고 그중에 PC가 있는 사람
은 60%이므로

<u>조건부 확률</u>

$$P(A) = \frac{50}{100}, \quad P(B \mid A) = \frac{60}{100}, \quad P(A \cap B) = \frac{50}{100} \times \frac{60}{100} = \frac{3}{10}$$

이에 따라 $P(A) \times P(B \mid A) = P(A \cap B)$ ……①

이 됩니다.

Z 학생에 따르면 PC가 있는 사람이 60%이고 그중에 가정용 게임기가 있는 사람
은 50%이므로

조건부 확률

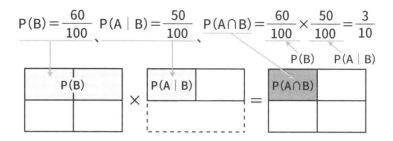

$$P(B) = \frac{60}{100}, \quad P(A \mid B) = \frac{50}{100}, \quad P(A \cap B) = \frac{60}{100} \times \frac{50}{100} = \frac{3}{10}$$

이에 따라 $P(B) \times P(A \mid B) = P(A \cap B)$ ······②

가 됩니다. ①과 ②는 같으므로 이 둘을 연결하면 다음과 같습니다.

$$P(A \cap B) = P(A) \times P(B \mid A) = P(B) \times P(A \mid B)$$

이 식을 $P(B)$로 나눈 다음 $P(A \mid B)$를 좌변으로 옮기면 조건부 확률 공식과 베
이즈 정리가 됩니다.

$$P(A \mid B) = \frac{P(A \cap B)}{P(B)} = \frac{P(B \mid A) \times P(A)}{P(B)}$$

조건부 확률 공식   베이즈 정리

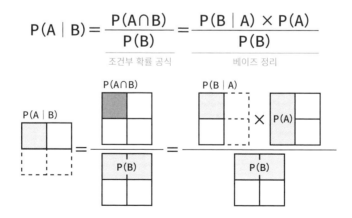

이를 기억하는 방법은 다음과 같습니다.

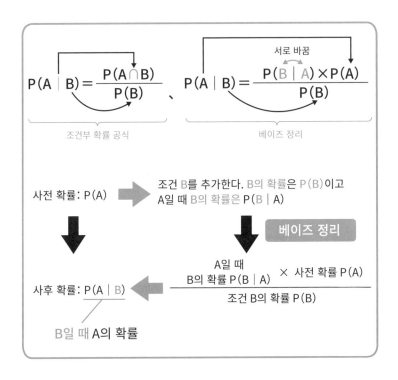

이 식을 보고 베이즈 정리가 싫어질 수도 있지만, 여기에 중요한 한 가지가 있습니다.

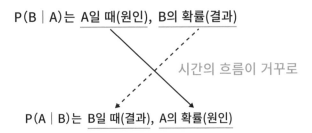

베이즈 정리는 '결과를 이미 안 상태에서 원인을 찾고자 할 때' 유용하다는 것입니다. 즉, '시간의 흐름이 거꾸로일 때' 힘을 발휘합니다.

이와 더불어 베이즈 정리에서는 P(A), P(A | B), P(A∩B), P(B), P(B | A)마다 각각 이름이 있습니다.

P(A)(A가 될 확률)는 사전 확률(prior probability), P(A | B)(B일 때 A가 될 확률)는 사후 확률(posteriori probability), P(A∩B)는 동시 확률(joint probability), P(B | A)는 가능도(likelihood), 분모인 P(B)는 주변 가능도(marginal likelihood)라 합니다.

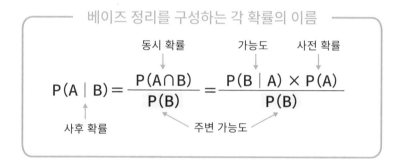

베이즈 정리를 구성하는 각 확률의 이름

03-7 베이즈 정리로 예제를 풀어 봅시다

Doit! 예제

A, B 두 구역을 담당하는 영업 사원이 있습니다. 이 영업 사원이 A 구역에 영업하러 갈 확률은 0.6, B 구역으로 영업하러 갈 확률은 0.4입니다. 일기 예보에 따르면 A 구역에 비가 올 확률은 0.7, B 구역에 비가 올 확률은 0.5라고 합니다.

사건 A: A 구역으로 영업하러 감

사건 B: B 구역으로 영업하러 감

사건 C: 비가 내림

이라 할 때 P(A), P(B), P(C | A), P(C | B), P(C) 기호의 뜻을 설명하고 값을 구한 다음

'비가 내릴 때 A 구역으로 영업하러 갈 확률'

그리고

'비가 내릴 때 B 구역으로 영업하러 갈 확률'

의 기호와 값을 구하세요.

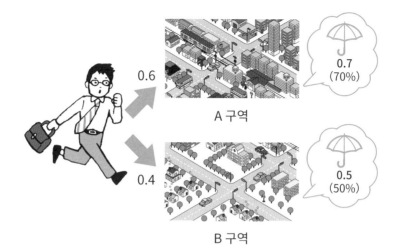

A 구역

B 구역

P(A)는 A 구역으로 영업하러 갈 확률이므로

$$P(A) = 0.6$$

P(B)는 B 구역으로 영업하러 갈 확률이므로

$$P(B) = 0.4$$

사건 A   사건 C

P(C | A)는 A 구역으로 영업하러 갈 때 비가 내릴 확률이므로

$$P(C \mid A) = 0.7$$

사건 B   사건 C

P(C | B)는 B 구역으로 영업하러 갈 때 비가 내릴 확률이므로

$$P(C \mid B) = 0.5$$

P(C)는 ① A 구역으로 영업하러 갈 때 비가 내릴 확률

② B 구역으로 영업하러 갈 때 비가 내릴 확률

의 2가지이므로

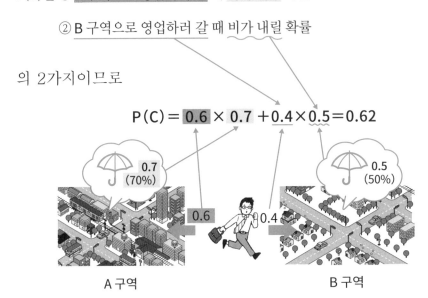

$$P(C) = 0.6 \times 0.7 + 0.4 \times 0.5 = 0.62$$

A 구역

B 구역

이로써 준비는 끝났습니다.

사건 C   사건 A

비가 내릴 때 A 구역으로 영업하러 갈 확률 P(A | C)는 베이즈 정리에 따라

서로 바꿈

$$P(A \mid C) = \frac{P(C \mid A) \times P(A)}{P(C)} = \frac{0.7 \times 0.6}{0.62} = \frac{0.42}{0.62} = \frac{21}{31}$$

사건 C   사건 B

비가 내릴 때 B 구역으로 영업하러 갈 확률 P(B | C)는 베이즈 정리에 따라

서로 바꿈

$$P(B \mid C) = \frac{P(C \mid B) \times P(B)}{P(C)} = \frac{0.5 \times 0.4}{0.62} = \frac{0.2}{0.62} = \frac{10}{31}$$

01. 베   는 '이미 아는 결과의 원인'을 찾을 때 도움됩니다.

즉, 시간의 흐름이 거꾸로가 될 때 힘을 발휘합니다.

02. 베이즈 정리를 구성하는 확률의 이름은 각각 다음과 같습니다.

$$\underset{\substack{\uparrow \\ \text{사}}}{P(A \mid B)} = \frac{\overset{\substack{\text{동시 확률} \\ \downarrow}}{P(A \cap B)}}{P(B)} = \frac{\overset{\substack{\text{가능도} \\ \downarrow}}{P(B \mid A)} \times \overset{\substack{\text{사전 확률} \\ \downarrow}}{P(A)}}{\underset{\text{주변 가능도}}{P(B)}}$$

정답: 01. 베이즈 정리   02. 사후 확률

04

예를 이용해서
베이즈 정리를 이해하자

베이즈 통계를 떠받치는 것은 '베이즈 정리'입니다. 여기서는 베
이즈 정리와 관련한 '몬티 홀 문제', '3명의 죄수 문제' 그리고
'바이러스 검사의 신뢰성 문제' 등의 예를 이용해서 베이즈 정리
를 실제로 느껴 보겠습니다.

04-1

몬티 홀 문제
문을 바꾸는 게 좋을지? 바꿔도 똑같음?

04장에서는 잘 알려진 몇 가지 문제(구체적인 예)를 풀면서 '베이즈 정리'를 이해해 봅시다.

Do it! 예제

참가자 앞에 닫힌 문이 3개 있습니다. 첫 번째인 문 A 뒤에는 '당첨' 상품인 자동차가, 나머지 문 B와 문 C 뒤에는 '꽝'인 염소가 있습니다.

참가자가 당첨(자동차)인 문을 맞히면 새 차를 받을 수 있습니다. 참가자가 문을 1개 선택하면(예를 들어 문 B) 사회자인 몬티 홀은 나머지 문 중에 염소가 있는 문(예를 들어 문 C)을 열어 염소를 보여 줍니다.

이때 사회자는 참가자에게 "처음에 문 B를 선택했어도 아직 열지 않은 문 A로 바꿀 수 있습니다."라고 말합니다. 그러면 여기서 문제를 내겠습니다.

참가자는 선택할 문을 바꾸는 편이 좋을까요?

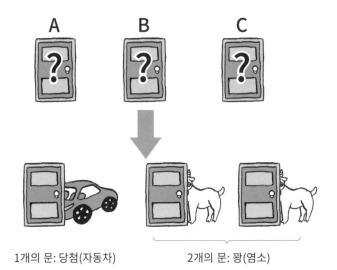

1개의 문: 당첨(자동차)　　　　2개의 문: 꽝(염소)

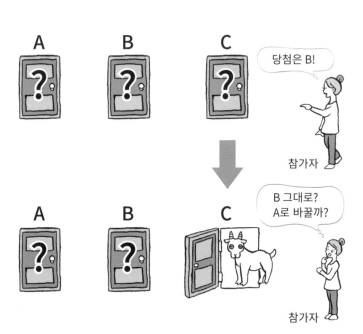

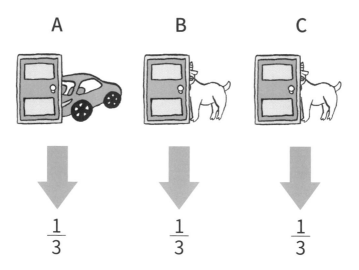

"확률은 마찬가지로 $\frac{1}{3}$이므로 문을 바꿔도 새 차를 받을 확률은 변하지 않아!
그러므로 바꾸든 안 바꾸든 마찬가지야!"라고 생각할 듯한데, 정말로 그럴까
요?

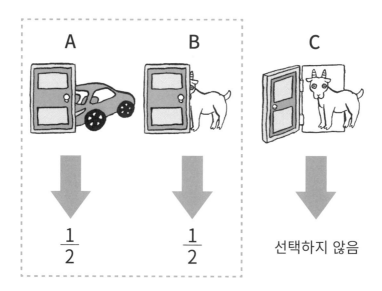

"사회자가 연 문 C는 꽝이므로 고르지 않을 거야. 2개의 문 중에 1개가 당첨이므로 새 차를 받을 확률은 $\frac{1}{2}$이지." 이렇게 생각하는 사람도 있을 겁니다. 그럼 검증해 봅시다.

● 몬티 홀 문제 해설 ① – 문을 바꾸지 않을 때

결론부터 말하면 문을 '바꾸지 않을 때'와 '바꿀 때'의 확률은 다릅니다. 문을 바꾸지 않을 때 새 차를 받을 확률은 $\frac{1}{3}$이고, 문을 바꿀 때 새 차를 받을 확률은 $\frac{2}{3}$입니다.

좀 더 자세히 살펴봅시다. 먼저 문을 바꾸지 않을 때를 생각해 봅시다.

문 A가 당첨이라고 할 때 상황은 다음과 같습니다.

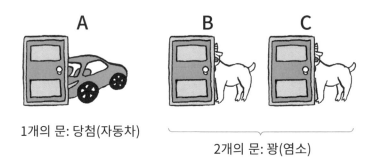

1개의 문: 당첨(자동차)

2개의 문: 꽝(염소)

(1) 문 A를 선택할 때

사회자는 문 B 또는 문 C를 열 수 있습니다(여기서는 문 B를 열었다고 하겠습니다).

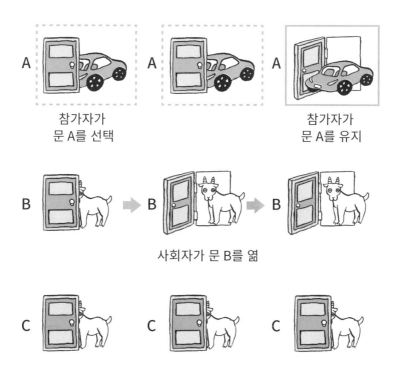

문을 바꾸지 않았으므로 당첨이 확정되고 자동차를 받습니다.

(2) 문 B를 선택할 때 ➡ **사회자는 문 C를 엽니다.**

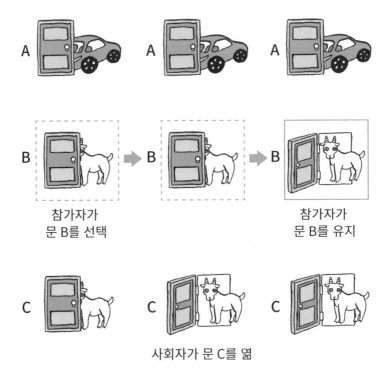

문을 바꾸지 않았으므로 꽝이 됩니다.

(3) 문 C를 선택할 때 ➡ 사회자는 문 B를 엽니다.

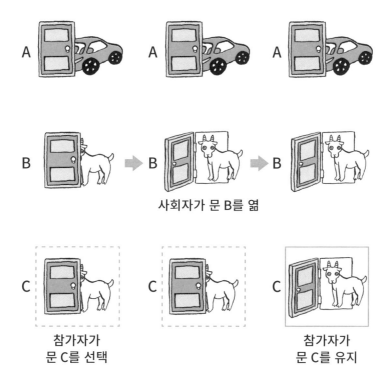

사회자가 문 B를 엶

참가자가
문 C를 선택

참가자가
문 C를 유지

문을 바꾸지 않았으므로 꽝이 됩니다.

(1)~(3)과 같이 확실해 보이는 3가지 중에서 당첨은 (1)이므로 자동차를 받을 확률은 $\frac{1}{3}$입니다. 자동차가 문 B에 있든 문 C에 있든 모두 마찬가지입니다. 사회자가 꽝인 문을 열고 나서 자신이 고를 문을 변경하지 않는다면 평소 알고 있던 확률 결과와 같아집니다.

● 몬티 홀 문제 해설 ② - 문을 바꿀 때

다음으로, 선택한 문을 바꿀 때입니다. 자세히 살펴봅시다. 상황은 다음과 같습니다.

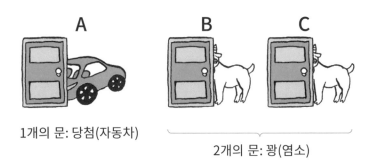

1개의 문: 당첨(자동차)   2개의 문: 꽝(염소)

(1) 처음에는 문 A를 선택하고 이를 바꿀 때

사회자는 문 B 또는 문 C를 엽니다(여기서는 문 B를 열었다고 하겠습니다).

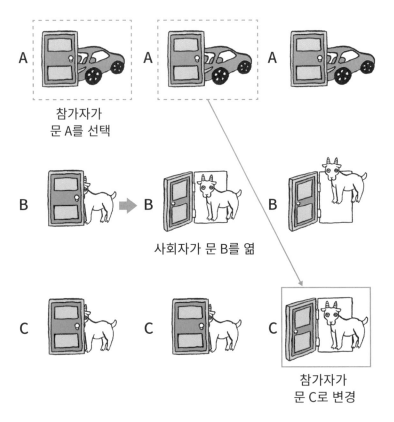

참가자가
문 A를 선택

사회자가 문 B를 엶

참가자가
문 C로 변경

A에서 C로 문을 바꿨으므로 꽝이 됩니다.

(2) 처음에는 문 B를 선택하고 이를 바꿀 때 ➡ 사회자는 문 C를 엽니다.

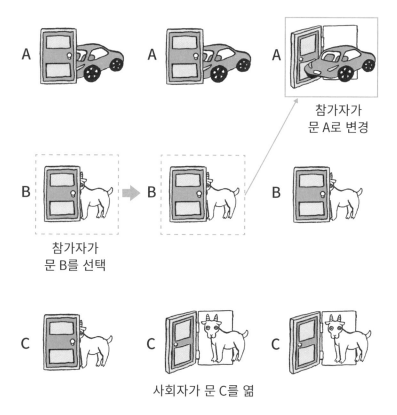

문 B에서 문 A로 바꿨으므로 당첨되고 자동차를 받습니다.

(3) 처음에는 문 C를 선택하고 이를 바꿀 때 ➡ 사회자는 문 B를 엽니다.

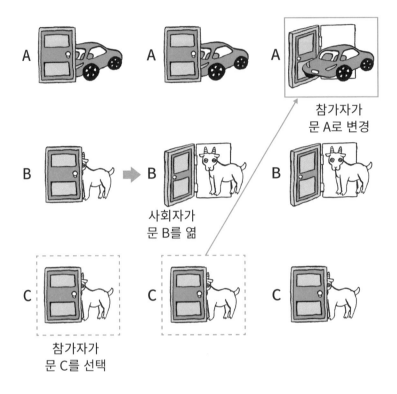

참가자가
문 A로 변경

사회자가
문 B를 엶

참가자가
문 C를 선택

문 C에서 문 A로 바꿨으므로 당첨되고 자동차를 받습니다.

마찬가지로 (1)~(3) 3가지 중에서 당첨은 (2)와 (3)이므로 자동차를 받을 확률은 2/3입니다. 자동차는 문 B 뒤에 있든 문 C 뒤에 있든 마찬가집니다. 놀랍게도 당첨(자동차를 받을) 확률이 올랐습니다.

이처럼 확률은 직감과 다를 때도 있습니다.

● '이해할 수 없어!'라고 한다면 극단적인 예를 들어 생각해 보자

이 문제가 도저히 이해되지 않는 사람도 있을 것입니다. 이럴 때는 극단적인 예를 이용해 봅니다. 이번에는 9개의 문을 준비했습니다.

Do it! 예제

참가자 앞에 9개의 닫힌 문이 있고 1개의 문 뒤에 당첨 상품인 자동차가, 나머지 8개의 문 뒤에는 꽝인 염소가 있습니다. 이때 참가자가 당첨(자동차)인 문을 열면 자동차를 받습니다. 참가자가 닫힌 문 1개를 고른 다음(여기서는 A), 사회자가 남은 문 가운데 염소가 있는 문(B, C, D, F, G, H, I) 7개를 열어서 염소를 보여 줍니다. 참가자는 문을 바꾸는 것이 좋을까요?

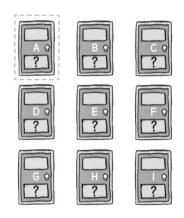

문을 바꾸지 않는다면 확률은 변하지 않으므로 $\frac{1}{9}$입니다(여기서는 문 E를 당첨이라 하겠습니다).

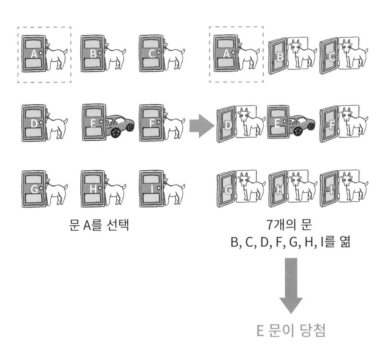

문 A를 선택   7개의 문
B, C, D, F, G, H, I를 엶

E 문이 당첨

문 A가 당첨일 확률은 $\frac{1}{9}$입니다. 문 A 이외(B~I 문)에 당첨이 있을 확률은 $\frac{8}{9}$입니다. 사회자가 당첨이 아닌 문 B, C, D, F, G, H, I를 열므로 문 A 이외에 당첨이 있을 확률 $\frac{8}{9}$이 문 E가 당첨일 확률이 됩니다. 문을 바꾸지 않을 이유가 없어 보이네요.

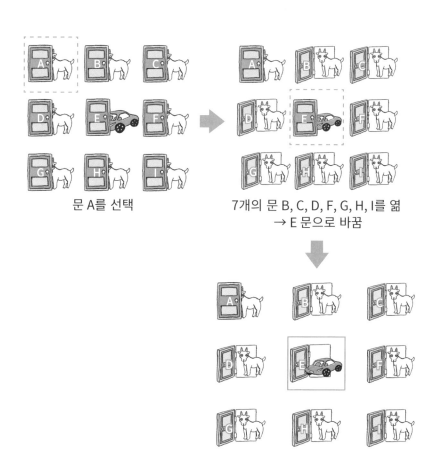

문 A를 선택

7개의 문 B, C, D, F, G, H, I를 엶
→ E 문으로 바꿈

퀴즈로
정리하기

01. '문을 바꿔도 자동차를 받을 확률은 달라지지 않는다.'라는 생각은 틀
.

02. '문을 바꿀 때'와 '문을 바꾸지 않을 때'의 확률은 다   .

03. 극단적인 예로 생각해 보면 알기 쉽습니다.

정답: 01. 틀렸습니다.   02. 다릅니다.

● 몬티 홀 문제를 수학으로 검증하기

그러면 식을 이용하여 몬티 홀 문제를 검증해 봅시다. 참가자는 문 A를 선택했다고 하겠습니다.

당첨(자동차)

꽝(염소)

사건 A: 문 A에 자동차가 있을 때   ➡ 확률은 P(A)

사건 B: 문 B에 자동차가 있을 때   ➡ 확률은 P(B)

사건 C: 문 C에 자동차가 있을 때   ➡ 확률은 P(C)

사건 a: 사회자 몬티 홀이 문 A를 엶   ➡ 확률은 P(a)

사건 b: 사회자 몬티 홀이 문 B를 엶   ➡ 확률은 P(b)

사건 c: 사회자 몬티 홀이 문 C를 엶   ➡ 확률은 P(c)

라고 하겠습니다.

이때 P(A), P(B), P(C), P(b | A), P(b | B), P(b | C), P(b), P(A | b), P(C | b)를 구하세요.

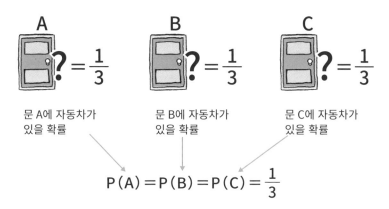

문 A에 자동차가 있을 확률

문 B에 자동차가 있을 확률

문 C에 자동차가 있을 확률

$$P(A) = P(B) = P(C) = \frac{1}{3}$$

사건 A   사건 b

$P(b \mid A)$: 문 A에 자동차가 있을 때 몬티 홀이 문 B를 열

확률입니다. 몬티 홀은 문 B, 문 C 중 하나를 열면 되므로 문 B를 열 확률과 문 C를 열 확률은 같습니다. 이에 따라

몬티 홀이 문 B나 문 C 중 하나를 엶

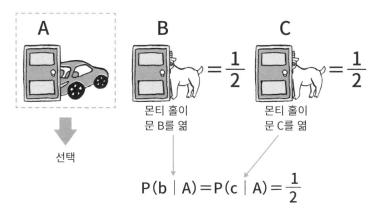

선택

몬티 홀이 문 B를 엶

몬티 홀이 문 C를 엶

$$P(b \mid A) = P(c \mid A) = \frac{1}{2}$$

사건 B   사건 b

P(b | B): <u>문 B에 자동차가 있을 때</u> <u>몬티 홀이 문 B를 열 수는 없으므로</u>

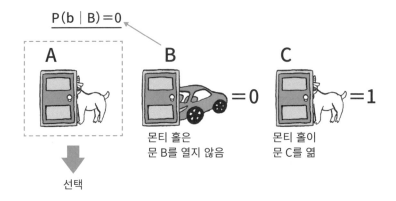

사건 C   사건 b

P(b | C): <u>문 C에 자동차가 있을 때라면</u> <u>몬티 홀은 문 B를 열</u> 수밖에 없으므로 그 확률은

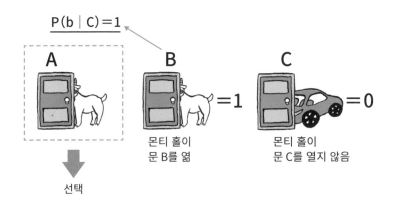

P(b): 몬티 홀이 문 B를 열 수 있는 것은

   ① 문 A가 당첨일 때 몬티 홀이 문 B를 엶

   ② 문 C가 당첨일 때 몬티 홀이 문 B를 엶

①과 ② 2가지 상황(문 B가 정답일 때는 몬티 홀이 문 B를 열 수 없으므로 생략)뿐이므로

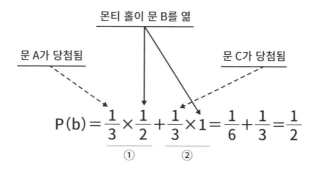

문 A가 당첨됨

몬티 홀이 문 B를 엶

문 C가 당첨됨

$$P(b) = \frac{1}{3} \times \frac{1}{2} + \frac{1}{3} \times 1 = \frac{1}{6} + \frac{1}{3} = \frac{1}{2}$$
① ②

또한 이를 확률 기호로 나타내면 다음과 같습니다.

$$P(b) = \underbrace{P(A) \times P(b \mid A)}_{①} + \underbrace{P(C) \times P(b \mid C)}_{②}$$

사건 b   사건 A

$P(A \mid b)$는 몬티 홀이 문 B를 열었을 때 문 A에 자동차가 있을 확률입니다.

$$P(A) = \frac{1}{3}, \quad P(b \mid A) = \frac{1}{2}, \quad P(b) = \frac{1}{2}$$

이므로

서로 바꿈

$$P(A \mid b) = \frac{P(b \mid A) \times P(A)}{P(b)} = \frac{\frac{1}{2} \times \frac{1}{3}}{\frac{1}{2}} = \frac{1}{3}$$

따라서

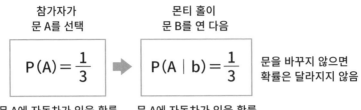

참가자가
문 A를 선택

몬티 홀이
문 B를 연 다음

$$P(A) = \frac{1}{3}$$

$$P(A \mid b) = \frac{1}{3}$$

문을 바꾸지 않으면
확률은 달라지지 않음

문 A에 자동차가 있을 확률

문 A에 자동차가 있을 확률

사건 b   사건 C

P(C | b)는 몬티 홀이 문 B를 열었을 때 문 C에 자동차가 있을 확률입니다.

$$P(C) = \frac{1}{3}, \quad P(b \mid C) = 1, \quad P(b) = \frac{1}{2} \text{ 이므로}$$

서로 바꿈

$$P(C \mid b) = \frac{P(b \mid C) \times P(C)}{P(b)} = \frac{1 \times \frac{1}{3}}{\frac{1}{2}} = \frac{2}{3}$$

따라서

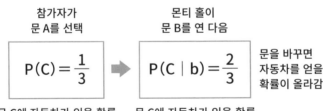

참가자가
문 A를 선택

몬티 홀이
문 B를 연 다음

$$P(C) = \frac{1}{3}$$

$$P(C \mid b) = \frac{2}{3}$$

문을 바꾸면
자동차를 얻을
확률이 올라감

문 C에 자동차가 있을 확률

문 C에 자동차가 있을 확률

퀴즈로
정리하기

사전 확률(참가자가 문 A를 선택)

문 A에 자동차가 있을 확률

$$P(A) = \frac{1}{3}$$

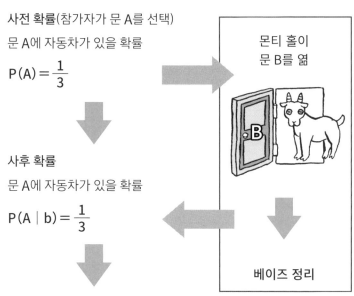

몬티 홀이
문 B를 엶

사후 확률

문 A에 자동차가 있을 확률

$$P(A \mid b) = \frac{1}{3}$$

베이즈 정리

문을 바꾸지 않으면 확률은 변하지 않습니다.

사전 확률(참가자가 문 A를 선택)

문 B에 자동차가 있을 확률

$$P(B) = \frac{1}{3}$$

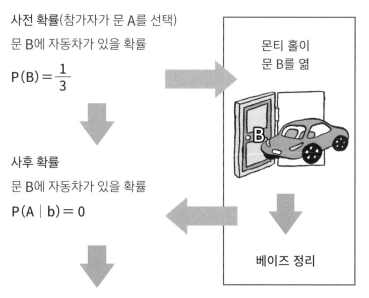

몬티 홀이
문 B를 엶

사후 확률

문 B에 자동차가 있을 확률

$$P(A \mid b) = 0$$

베이즈 정리

문 B에 자동차가 있을 때 몬티 홀은 문을 열 수 없으므로 확률은 0

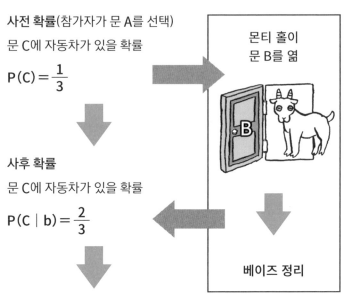

사전 확률(참가자가 문 A를 선택)

문 C에 자동차가 있을 확률

$$P(C) = \frac{1}{3}$$

몬티 홀이
문 B를 엶

사후 확률

문 C에 자동차가 있을 확률

$$P(C \mid b) = \frac{2}{3}$$

베이즈 정리

문 A에서 문 C로 바꾸면 확률이 변합니다.

04-2 P 검사와 C 바이러스 문제
확률을 구할 때는 전제 조건이 무척 중요

확률을 판단할 때는 전제 조건이 무척 중요합니다. 다음 예제를 통해 이를 살펴
보겠습니다.

> **Do it! 예제**
>
> P 검사는 C 바이러스에 감염된 사람에게 60%의 확률로 올바르게 '양성' 판
> 정을 내립니다. 이 검사로 'C 바이러스 감염'이라 판정받은 사람이 실제 C 바
> 이러스에 감염된 확률은 얼마일까요?

"P 검사는 60%의 확률로 올바르게 '양성' 판정을 내리므로 C 바이러스에 감염된 확률은 60%!"

이렇게 대답할지도 모르지만 정답은 '알 수 없다.'입니다.

왜냐하면 C 바이러스에 감염되지 않은 사람의 정보가 없기 때문입니다. 'C 바이러스에 감염된 사람에 대해서 40%의 확률로 잘못 판정'하므로 C 바이러스에 감염되지 않은 사람을 잘못 판정하게 될 확률도 있을 터입니다. 이처럼 'C 바이러스에 감염되지 않은 사람에 대한 판정 확률'이 없으므로 정확한 확률은 계산할 수 없습니다.

이러한 검사에서는 민감도(sensitivity)와 특이도(specificity)를 사용하므로 먼저 두 개념을 살펴보겠습니다.

● 민감도는 올바르게 양성이라 판정할 확률

민감도는 바이러스에 감염된 사람을 올바르게 양성이라 판정할 확률을 말합니다. 민감도가 60%라면 감염자 100명 중 60명을 올바르게 양성이라 판정하고 나머지 40명을 음성이라 잘못 판정합니다. 이때 잘못 판정한 음성을 거짓 음성(false negative)이라고 합니다.

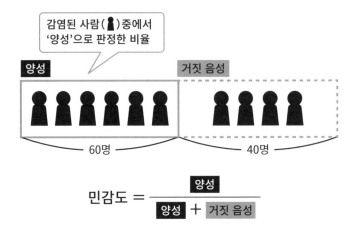

$$민감도 = \frac{양성}{양성 + 거짓\ 음성}$$

• 특이도는 올바르게 음성이라 판정할 확률

특이도는 바이러스에 감염되지 않은 사람을 올바르게 음성이라 판정할 확률입니다. 특이도가 90%라면 감염되지 않은 사람 100명 중 90명을 올바르게 음성이라 판정하고 남은 10명을 양성이라 잘못 판정합니다. 이때 잘못 판정한 양성을 거짓 양성(false positive)이라고 합니다.

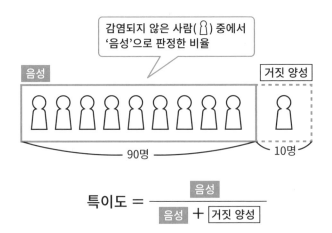

$$특이도 = \frac{음성}{음성 + 거짓\ 양성}$$

'몸 상태가 안 좋은데…. 어디 병이라도 걸린 거 아닐까? 설마 바이러스에 감염된 건 아니겠지?'라고 생각하며 병원을 방문하여 검사와 진단을 받습니다. 의료에서는 병이나 바이러스 감염 판정 방법이 다양하지만, 100% 올바르게 판정할 수 있는 검사법은 거의 없습니다. 이에 검사를 받을 때 알아야 할 지식을 구체적인 문제를 이용해서 알아봅시다.

> **Do it! 예제**
>
> C 바이러스에 감염된 사람에게 P 검사는 60%의 확률로 올바르게 양성이라 판정합니다. 또한 C 바이러스에 감염되지 않은 사람에게 P 검사는 90%의 확률로 올바르게 음성이라 판정합니다. C 바이러스에 감염된 사람과 감염되지 않은 사람의 비율은 각각 0.01%와 99.99%라 가정하겠습니다. 진단을 받은 사람이 P 검사로 '양성'이라 판정될 때 이 사람이 실제로 C 바이러스에 감염되었을 확률은 얼마일까요?

문제를 잘 살펴보면 P 검사로 C 바이러스에 감염된 사람을 올바르게 판정할 확률(민감도)은 60%이므로 잘못 판정할 확률은 100 – 60 = 40(%)입니다. P 검사로 C 바이러스에 감염되지 않은 사람을 올바르게 판정할 확률은 90%이므로 잘못 판정할 확률은 100 – 90 = 10(%)입니다.

이 상황을 표로 나타내면 다음과 같습니다.

구분	P 검사에서 양성	P 검사에서 음성
C 바이러스에 감염됨 0.01%	**60%**	40%
C 바이러스에 감염되지 않음 99.99%	10%	90%

이 예제에서는 P 검사로 '양성'으로 판정한 사람이 실제 C 바이러스에 감염되었을 확률을 구해야 하므로 굵은 테두리(칠한 부분) 부분에 주목합니다.

확률 문제에서는 분수가 필요할 때가 잦은데, 분수를 보고 거부감을 느끼는 사람이 있을지도 모르므로 여기서는 구체적인 수로 바꾸겠습니다. 예를 들어 이 문제에서는 '100000(10만)명'에 적용하겠습니다.

C 바이러스에 감염된 사람은 0.01%이므로

$$100000 \times 0.0001 = 10(명)$$

C 바이러스에 감염되지 않은 사람은 100000 − 10 = 99990(명)입니다.

C 바이러스에 감염된 10명 중 양성은 60%이므로

$$10 \times 0.6 = 6명$$

C 바이러스에 감염되지 않은 10명 중 음성은 40%이므로

$$10 \times 0.4 = 4명$$

C 바이러스에 감염되지 않은 99990명 중 양성은 10%이므로

$$99990 \times 0.1 = 9999(명)$$

C 바이러스에 감염되지 않은 99990명 중 음성은 90%이므로

$$9990 \times 0.9 = 89991(명)입니다.$$

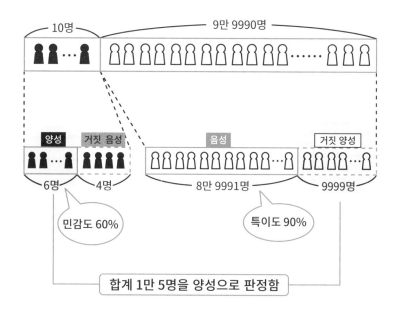

이를 표로 나타내면 다음과 같습니다.

구분	P 검사에서 양성	P 검사에서 음성
C 바이러스에 감염됨 10명	**6명**	4명
C 바이러스에 감염되지 않음 99990명	9999명	899991명

전원을 검사했을 때 P 검사에서 '양성'으로 판정받은 사람은 6 + 9999 = 10005(약 1만)(명)입니다. 실제로 바이러스에 감염된 사람은 10명이지만 P 검사에서 '양성' 판정을 받은 사람은 약 1만 명(10005명)이므로 1000배 정도 차이가 납니다.

C 바이러스에 감염된 사람은 6명이므로 구하는 확률은

$$\frac{6}{6+9999} = \frac{6}{10005} = \frac{2}{3335} = \frac{1}{1667.5}$$

이 결과를 보면 P 검사에서 양성으로 판정받은 약 1만 명 중 6명만 C 바이러스에 감염된 것이 됩니다. 즉, 의학적 검사에서는 잘못된 판정이 나올 가능성도 있습니다. 예제에 있는 P 검사와 같이 민감도와 특이도가 낮은 검사를 할 때는 '바이러스에 감염되었을 때의 증상이 있는 사람에게 실시', '검사 지역을 한정함', '연령을 한정함' 등 적절한 제한이 필요합니다.

이처럼 적절하게 제한하면 문제에서 본 조건(예를 들어 감염된 사람의 비율: 이환율)이 달라져 검사 결과의 정확도가 높아집니다. 의학이 발전하더라도 검사는 올바른 조건에서 정확하게 조사해야 합니다.

확률 공식을 이용하여 계산한 다음 결과를 살펴봅시다.

구분	P 검사에서 양성	P 검사에서 음성
C 바이러스에 감염됨 0.01%	60%	40%
C 바이러스에 감염되지 않음 99.99%	10%	90%

사건 A: P 검사에서 양성

사건 B: P 검사에서 음성

사건 C: C 바이러스에 감염됨

사건 D: C 바이러스에 감염되지 않음

이라 할 때 퍼센트(%)를 분수로 나타내면 다음 표와 같습니다.

구분	사건 A (P 검사에서 양성)	사건 B (P 검사에서 음성)
사건 C: C 바이러스에 감염됨 $P(C) = \dfrac{1}{10000}$	$\dfrac{60}{100}$	$\dfrac{40}{100}$
사건 D: 바이러스에 감염되지 않음 $P(D) = \dfrac{9999}{10000}$	$\dfrac{10}{100}$	$\dfrac{90}{100}$

이번 예제에서 알 수 있는 사실은

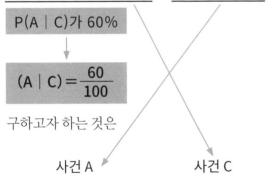

사건 C   **사건 A**

C 바이러스에 감염된 사람이 P 검사에서 양성일 확률

$P(A \mid C)$가 60%

↓

$(A \mid C) = \dfrac{60}{100}$

구하고자 하는 것은

사건 A   **사건 C**

P 검사에서 양성인 사람이 C 바이러스에 감염될 확률

$$P(C \mid A)$$

입니다. 먼저 조건을 수식으로 나타냅니다.

사건 C

C 바이러스에 감염된 사람의 비율은 0.01%이므로

$$P(C) = \frac{1}{10000}$$

사건 D

C 바이러스에 감염되지 않은 사람의 비율은

$$P(D) = \frac{9999}{10000}$$

사건 A

P 검사에서 양성이 될 확률 P(A)는 2가지로,

① C 바이러스에 감염된 사람이 P 검사에서 양성

$$\frac{1}{10000} \times \frac{60}{100}$$

② C 바이러스에 감염되지 않은 사람이 P 검사에서 양성

$$\frac{9999}{10000} \times \frac{10}{100}$$

구분	사건 A (P 검사에서 양성)	사건 B (P 검사에서 음성)
사건 C: C 바이러스에 감염됨 $P(C) = \dfrac{1}{10000}$	$\dfrac{60}{100}$	$\dfrac{40}{100}$
사건 D: 바이러스에 감염되지 않음 $P(D) = \dfrac{9999}{10000}$	$\dfrac{10}{100}$	$\dfrac{90}{100}$

이 결과에서

$$P(A) = \frac{1}{10000} \times \frac{60}{100} + \frac{9999}{10000} \times \frac{10}{100}$$

$$P(A \mid C) = \frac{60}{100}, \quad P(C) = \frac{1}{10000},$$

$$P(A) = \frac{1}{10000} \times \frac{60}{100} + \frac{9999}{10000} \times \frac{10}{100}$$

으로 조건이 모두 준비되었으므로 공식에 적용해 봅시다.

서로 바꿈

$$P(C \mid A) = \frac{P(A \mid C) \times P(C)}{P(A)} = \frac{\dfrac{60}{100} \times \dfrac{1}{10000}}{\dfrac{1}{10000} \times \dfrac{60}{100} + \dfrac{9999}{10000} \times \dfrac{10}{100}}$$

이 식의 분모와 분자에 10000을 곱하면 다음과 같습니다.

$$P(C \mid A) = \frac{6}{6+9999} = \frac{6}{10005}$$

어디선가 본 적이 있지 않나요?

그렇습니다. 이 역시 앞서 148쪽에서 구체적인 사람 수로 계산했던 식과 똑같습니다.

앞서 148쪽에서

퀴즈로 정리하기

01. 민　　　　: 올바르게 양성으로 판정할 확률

02. 잘못 판정한 음성: 거　　　　

03. 특　　　　: 올바르게 음성으로 판정할 확률

04. 잘못 판정한 양성: 거　　　　

05. 민감도와 특이도가 낮은 검사에서 이　　　　이 낮을 때는 조사 대상을 한정할 필요가 있습니다.

정답: 01. 민감도 02. 거짓 음성 03. 특이도 04. 거짓 양성 05. 이환율

3명의 죄수 문제
죄수 A는 '풀려날 확률이 높아졌다!'면서 기뻐할 수 있을까?

Doit! 예제

죄수 A   죄수 B   죄수 C

3명의 죄수 A, B, C가 독방에 갇혀 있습니다. 3명의 죄는 가볍지 않아 모두 처벌이 정해졌지만, 어느 날 3명 중 한 사람이 사면받게 되었습니다. 누가 사면되어 석방될지는 이미 정해졌지만, 죄수는 이를 모릅니다. 그리고 교도관은 '누가 사면되는가?'를 죄수에게 알려서는 안 됩니다. 이 단계에서 죄수 A, B, C가 사면될 확률은 각각 $\frac{1}{3}$입니다.

여기서 죄수 A가 교도관에게 '자신이 사면될지'를 물었으나 교도관은 "규칙에 따라 알려 줄 수 없다."라고 대답했습니다. 이에 A는 "3명 중 2명은 처벌받을 테니 B나 C 중 한 명은 처벌받게 될 겁니다. 그 한 사람의 이름만이라도 알려 주세요."라고 부탁했습니다. 이에 교도관은 '그건 그렇지.'라며 고개를 끄덕이곤 B가 처벌받을 것이라고 알려 주었습니다.

교도관의 말을 들은 A는 기뻤습니다. 왜냐하면 애당초 자신이 사면될 확률은 $\frac{1}{3}$이었지만, 이제는 사면될 사람이 A(자신)이거나 C 두 사람으로 좁혀졌기 때문입니다. 즉, A는 '자신이 사면될 확률이 $\frac{1}{2}$로 높아졌다.'라고 판단했습니다. 베이즈 정리로 계산해 보면 A의 판단은 올바를까요?

사건 A: 죄수 A가 사면됨

사건 a: 죄수 A가 처벌받을 것이라고 교도관이 죄수 A에게 알려 줌

사건 B: 죄수 B가 사면됨

사건 b: 죄수 B가 처벌받을 것이라고 교도관이 죄수 A에게 알려 줌

사건 C: 죄수 C가 사면됨

사건 a: 죄수 C가 처벌받을 것이라고 교도관이 죄수 A에게 알려 줌

이라고 합니다. $P(b \mid A)$, $P(c \mid A)$, $P(c \mid B)$, $P(a \mid B)$, $P(b \mid C)$, $P(a \mid C)$, $P(A)$, $P(B)$, $P(C)$, $P(b)$를 구하고 마지막으로

사건 b   **사건 A**

죄수 B가 처벌받을 것이라고 교도관이 죄수 A에게 알려 줄 때 죄수 A가 사면될 확률: $P(A \mid b)$

사건 b   **사건 C**

죄수 B가 처벌받을 것이라고 교도관이 죄수 A에게 알려 줄 때 죄수 C가 사면될 확률: $P(C \mid b)$

를 구하겠습니다.

아무런 조건이 없을 때는 A가 사면될 확률 $P(A)$, B가 사면될 확률 $P(B)$, C가 사면될 확률 $P(C)$는 모두 같으므로

$$P(A) = P(B) = P(C) = \frac{1}{3}$$

입니다. 그러면 죄수 A, 죄수 B, 죄수 C가 각각 사면될 때 확률은 어떻게 변할지 나누어 생각해 봅시다.

● 사건 A: 죄수 A가 사면될 때

어느 쪽이 처벌받을지 교도관이 알려 줌

죄수 B와 죄수 C는 모두 처벌받으므로

    b: 죄수 B가 처벌받는다고 교도관이 죄수 A에게 알려 줌

    c: 죄수 C가 처벌받는다고 교도관이 죄수 A에게 알려 줌

이라는 2가지 가능성이 있습니다. 그러므로 각각의 확률은 $\frac{1}{2}$이 됩니다.

<u>   사건 A   </u>   사건 b

<u>죄수 A가 사면될 때</u> <u>죄수 B가 처벌받는다고 교도관이 죄수 A에게 알려 줄</u> 확률

은 $\frac{1}{2}$이므로 이를 기호로 나타내면

$$P(b \mid A) = \frac{1}{2}$$

사건 A   사건 c
마찬가지로 <u>죄수 A가 사면될 때</u> <u>죄수 C가 처벌받는다고</u> 교도관이 죄수 A에게

알려 줄 확률은 $\dfrac{1}{2}$이므로 이를 기호로 나타내면

$$P(c \mid A) = \dfrac{1}{2}$$

- 사건 B: 죄수 B가 사면될 때

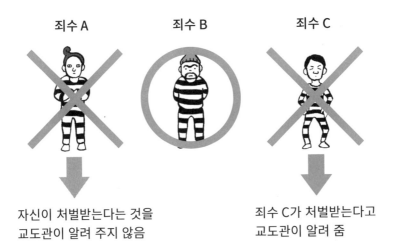

죄수 A와 죄수 C가 처벌받는다고 할 때 교도관은 죄수 A에게 "당신이 처벌받
는다."라고 말할 수는 없습니다. 또한 죄수 B는 사면되므로 처벌받지 않습니
다. 그러므로 교도관은 '죄수 C가 처벌받는다.'라고 알려 주므로 확률은 1입
니다.

사건 B   사건 c

죄수 B가 사면될 때 죄수 C가 처벌받는다고 교도관이 죄수 A에게 알려 줄 확률

은 1이므로 이를 기호로 나타내면

$$P(c \mid B) = 1$$

사건 B   사건 a

죄수 B가 사면될 때 죄수 A가 처벌받는다고 교도관이 죄수 A에게 알려 줄 수는

없으므로 이를 기호로 나타내면

$$P(a \mid B) = 0$$

● 사건 C: 죄수 C가 사면될 때

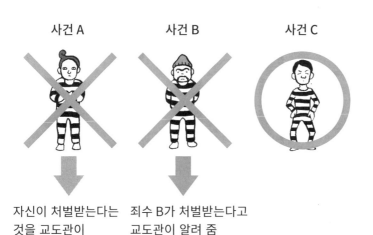

사건 A   사건 B   사건 C

자신이 처벌받는다는
것을 교도관이
알려 주지 않음

죄수 B가 처벌받는다고
교도관이 알려 줌

이는 앞의 상황과 마찬가지입니다. 죄수 A와 죄수 B가 처벌받지만, 교도관이 죄수 A에게 "당신이 처벌받는다."라고 말할 수는 없습니다. 죄수 C는 사면되므로 처벌받지 않습니다. 그러므로 교도관은 "죄수 B가 처벌받는다."라고 알려 주므로 확률은 1입니다.

사건 C   사건 b
죄수 C가 사면될 때 죄수 B가 처벌받는다고 교도관이 죄수 A에게 알려 줄 확률은 1이므로 이를 기호로 나타내면

$$P(b \mid C) = 1$$

사건 C   사건 a
죄수 C가 사면될 때 죄수 A가 처벌받는다고 교도관이 죄수 A에게 알려 줄 수는 없으므로 이를 기호로 나타내면

$$P(a \mid C) = 0$$

P(b)는 죄수 B가 처벌받는다고 교도관이 죄수 A에게 알려 줄 확률로, 다음과 같이 3가지가 있습니다.

① 죄수 A가 사면될 때 죄수 B가 처벌받는다고 교도관이 죄수 A에게 알려 줌

$$P(A) = \frac{1}{3} \qquad P(b \mid A) = \frac{1}{2}$$

② 죄수 B가 사면될 때 죄수 B가 처벌받는다고 교도관이 죄수 A에게 알려 줌

$$P(B) = \frac{1}{3} \qquad P(b \mid B) = 0$$

③ 죄수 C가 사면될 때 죄수 B가 처벌받는다고 교도관이 죄수 A에게 알려 줌

$$P(C) = \frac{1}{3} \qquad P(b \mid C) = 1$$

$$P(b) = \underbrace{\frac{1}{3} \times \frac{1}{2}}_{①} + \underbrace{\frac{1}{3} \times 0}_{②} + \underbrace{\frac{1}{3} \times 1}_{③} = \frac{1}{6} + \frac{1}{3} = \frac{1}{2}$$

이를 기호로 나타내면

$$P(b) = \underbrace{P(A) \times P(b \mid A)}_{①} + \underbrace{P(B) \times P(b \mid B)}_{②} + \underbrace{P(C) \times P(b \mid C)}_{③}$$

입니다. 이로써 모든 준비가 끝났습니다.

- **죄수 A가 사면될 확률은 여전히 $\frac{1}{3}$**

그러면 죄수 B가 처벌받는다고 교도관이 죄수 A에게 알려 줄 때 죄수 A가 사면

될 확률: P(A | b)를 구해 봅시다.

> 사건 b 는 "죄수 B가 처벌받는다고 교도관이 죄수 A에게 알려 줄 때" 부분, 사건 A 는 "죄수 A가 사면" 부분을 가리킴

$$P(A) = \frac{1}{3}, \quad P(b) = \frac{1}{2}, \quad P(b \mid A) = \frac{1}{2}$$

따라서

$$P(A \mid b) = \frac{P(b \mid A) \times P(A)}{P(b)} = \frac{\frac{1}{2} \times \frac{1}{3}}{\frac{1}{2}} = \frac{1}{3}$$

서로 바꿈

- 죄수 C가 사면될 확률은 $\frac{1}{3}$에서 $\frac{2}{3}$로 높아짐

계속해서 죄수 B가 처벌받는다고 교도관이 죄수 A에게 알려 줄 때 죄수 C가 사(사건 b) 면될 확률: P(C | b)를 구해 봅시다. (사건 C)

$$P(C) = \frac{1}{3}, \quad P(b) = \frac{1}{2}, \quad P(b \mid C) = 1$$

따라서

$$P(C \mid b) = \frac{P(b \mid C) \times P(C)}{P(b)} = \frac{1 \times \frac{1}{3}}{\frac{1}{2}} = \frac{2}{3}$$

서로 바꿈

※ P(B | b)는 있을 수 없으므로 생략합니다.

사전 확률(죄수 A가 교도관에게 묻기 전)

죄수 A가 사면될 확률

$$P(A) = \frac{1}{3}$$

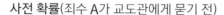

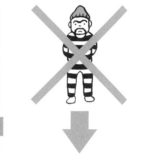

'죄수 B가 처벌받는다.'
라고 교도관이 죄수 A에게
알려 줌

베이즈 정리

사후 확률(죄수 B가 처벌받는다고 알려 준 후)

죄수 A가 사면될 확률

$$P(A \mid b) = \frac{1}{3}$$

죄수 A가 사면될 확률은 달   .

사전 확률(죄수 A가 교도관에게 묻기 전)

죄수 C가 사면될 확률

$$P(C) = \frac{1}{3}$$

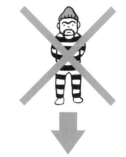

'죄수 B가 처벌받는다.'
라고 교도관이 죄수 A에게
알려 줌

베이즈 정리

사후 확률(죄수 B가 처벌받는다고 알려 준 후)

죄수 C가 사면될 확률

$$P(C \mid b) = \frac{2}{3}$$

죄수 C가 사면될 확률은 달   .

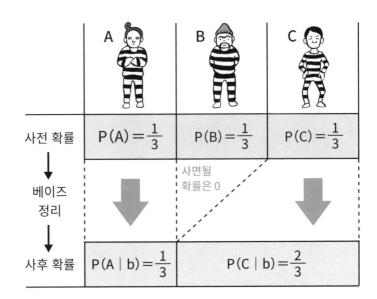

	A	B	C
사전 확률	$P(A) = \frac{1}{3}$	$P(B) = \frac{1}{3}$	$P(C) = \frac{1}{3}$

베이즈 정리

사면될 확률은 0

사후 확률	$P(A \mid b) = \frac{1}{3}$	$P(C \mid b) = \frac{2}{3}$

정답: 달라지지 않습니다., 달라집니다.

예제를 이용해 베이즈 정리를 한 번 더 연습해 봅니다. 미리 꼼꼼하게 준비하면
확률을 간단하게 구할 수 있습니다.

> **Doit! 예제**
>
> 하늘을 나는 비행기에서 발생하는 다양한 문제와 관련하여 각 문제가 일어날
> 확률과 그 문제가 일어났을 때 추락할 확률은 다음 표와 같습니다. 또한 '비행
> 기 추락'을 사건 E라 하겠습니다.
>
> 어느 날 비행기 한 대가 바다에 추락했습니다. 기체는 이미 바닷속에 가라앉았
> 으므로 원인은 알 수 없습니다. 이때 비행기 추락의 원인이 '엔진 고장'일 확률
> 을 구하세요.

구분		고장이나 과실이 일어날 확률	비행기가 추락할 확률
사건 A	기체 고장	0.003	0.25
사건 B	엔진 고장	0.002	0.30
사건 C	무전기 고장	0.010	0.01
사건 D	조종사 과실	0.001	0.90

구하는 것은 <u>비행기가 추락했을</u> 때 <u>엔진 고장이</u> 원인일 확률인 P(B | E)입니다.

사건 E   사건 B

하나씩 준비해 봅시다.

P(A)는 기체 고장일 확률이므로   P(A) = 0.003

P(B)는 엔진 고장일 확률이므로   P(B) = 0.002

P(C)는 무전기 고장일 확률이므로   P(C) = 0.010

P(D)는 조종사 과실일 확률이므로   P(D) = 0.001

사건 A   사건 E

<u>기체 고장</u>으로 <u>추락</u>할 확률 P(E | A): 0.003×0.25 = 0.00075

사건 B   사건 E

<u>엔진 고장</u>으로 <u>추락</u>할 확률 P(E | B): 0.002×0.30 = 0.00060

사건 C   사건 E

<u>무전기 고장</u>으로 <u>추락</u>할 확률 P(E | C): 0.010×0.01 = 0.00010

사건 D   사건 E

<u>조종사 과실</u>로 <u>추락</u>할 확률 P(E | D): 0.001×0.90 = 0.00090

따라서

$$P(E) = 0.00075 + 0.00060 + 0.00010 + 0.00090$$

$$= 0.00235$$

사건 E　　　　　　　사건 B

이 결과에서 비행기가 추락했을 때 엔진 고장이 원인일 확률은

$$P(B \mid E) = \frac{P(E \mid B) \times P(B)}{P(E)} = \frac{0.30 \times 0.002}{0.00235} = \frac{12}{47}$$

서로 바꿈

라고 구할 수 있습니다. 그럼 다른 원인(기체 고장, 무전기 고장, 조종사 과실)일 때도 살펴봅시다.

사건 E　　　　　　사건 A

비행기가 추락했을 때 기체 고장이 원인일 확률 P(A | E)는

$$P(A) = 0.003, \ P(E \mid A) = 0.25, \ P(E) = 0.00235$$

$$P(A \mid E) = \frac{P(E \mid A) \times P(A)}{P(E)} = \frac{0.25 \times 0.003}{0.00235} = \frac{15}{47}$$

사건 E　　　　　　사건 C

비행기가 추락했을 때 무전기 고장이 원인일 확률 P(C | E)는

$$P(C) = 0.01, \ P(E \mid C) = 0.01, \ P(E) = 0.00235$$

$$P(C \mid E) = \frac{P(E \mid C) \times P(C)}{P(E)} = \frac{0.01 \times 0.01}{0.00235} = \frac{2}{47}$$

사건 E   사건 D

<u>비행기가 추락</u>했을 때 <u>조종사 과실</u>이 원인일 확률 P(D | E)는

$$P(D) = 0.001, \ P(E \mid D) = 0.9, \ P(E) = 0.00235$$

$$P(D \mid E) = \frac{P(E \mid D) \times P(D)}{P(E)} = \frac{0.9 \times 0.001}{0.00235} = \frac{18}{47}$$

01. 결과에서 원인을 찾을 때는 베   가 효과적입니다.

02. 비행기가 추락한 원인을 숫   로 각각 나타낼 수 있습니다.

03. 필요한 내용을 미리 준비하면 확   은 간단하게 구할 수 있습니다.

정답: 01. 베이즈 정리   02. 숫자(확률)   03. 확률

05

일단 시작하고 보는
이유 불충분의 원리와 베이즈 갱신

때로는 데이터를 미리 준비할 수 없는 경우도 있습니다. 이럴 때
는 데이터를 '가정'하여 논의를 진행하곤 하는데, 이것이 '베이
즈 갱신'입니다. 베이즈 갱신은 실제로 침몰한 잠수함이나 추락
한 비행기를 찾는 데 이용하기도 합니다. 여기서는 예제를 이용
해 베이즈 갱신을 체험해 보겠습니다.

05-1 ▶ 이유 불충분의 원리란?

"좋아한다, 싫어한다, 좋아한다, 싫어한다…."라며 꽃잎을 하나씩 떼면서 좋아하는 사람이 '자신을 좋아하는가, 싫어하는가'를 점쳐 본 적이 있을 겁니다. 그러나 수학적으로 생각하면 이러한 꽃점에는 심한 '비약'이 있습니다. 왜냐하면 "좋아한다, 싫어한다, 좋아한다, 싫어한다, …"는 방식으로 좋고 싫음이 같은 확률로 일어나는데, 이는 좋아하는 사람이 자신을 좋아할 확률을 제멋대로 '50%'로 정했기 때문입니다.

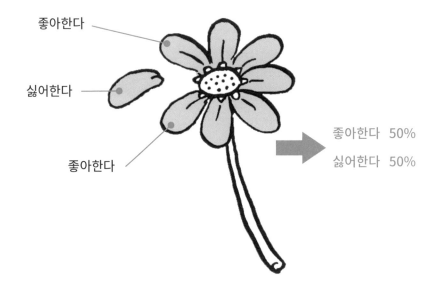

이처럼 확률을 마음대로 정해도 될까요? 그런데 베이즈 정리에 이용할 때는 괜찮습니다.

베이즈 정리는 이렇게 꽃점과 같이 조건이나 이유가 명확하지 않을 때 이용할 수 있습니다. 즉, 일단 일어날 수 있는 확률이 같아지도록 사전 확률을 설정하는데, 이를 이유 불충분의 원리라고 합니다. 베이즈 정리를 이용하지 않는 종래의 확률로 생각한다면 이 문제에는

"좋아한다, 싫어한다의 확률을 각각 $\frac{1}{2}$이라 생각하기로 한다."

"좋아한다, 싫어한다가 일어날 확률은 같은 것으로 한다."

라는 조건이 있어야 합니다.

01. 베이즈 정리에서는 확률을 주   으로 정해도 괜찮습니다.

02. 사전 확률을 예측할 수 없다면 일단 같은 확률로 해둡니다. 이를 이
라고 합니다.

정답: 01. 주관적 02. 이유 불충분의 원리

항아리에서 구슬을 꺼냈더니 파란색이었다는 문제
시간 흐름이 거꾸로라면 어떻게 할까?

여기서는 시간 흐름이 거꾸로인 문제를 풀어 보겠습니다.

Do it! 예제

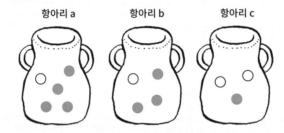

항아리 a   항아리 b   항아리 c

겉모습만으로는 구별할 수 없는 항아리 a, b, c가 있습니다. 항아리 a에는 흰
구슬이 1개, 파란 구슬이 4개 들었습니다. 항아리 b에는 흰 구슬이 1개, 파란
구슬이 3개 들었습니다. 항아리 c에는 흰 구슬이 2개, 파란 구슬이 1개 들었습
니다. 이 세 항아리 중 하나를 선택하고 그 항아리에서 구슬 1개를 꺼냈더니 파
란 구슬이었습니다. 이 파란 구슬이 항아리 a에서 나올 확률, 항아리 b에서 나
올 확률, 항아리 c에서 나올 확률을 각각 구하세요.

    사건 A: 항아리에서 파란 구슬을 1개 꺼냄

    사건 a: 항아리 a를 선택

    사건 b: 항아리 b를 선택

    사건 c: 항아리 c를 선택

이라 하겠습니다.

예제에서 구하는 것은 '항아리에서 구슬 1개를 꺼냈더니 파란 구슬 <u>사건 A</u> → <u>항아리 a</u>에서 나올 확률'입니다. 이 확률을 생각해 봅시다.

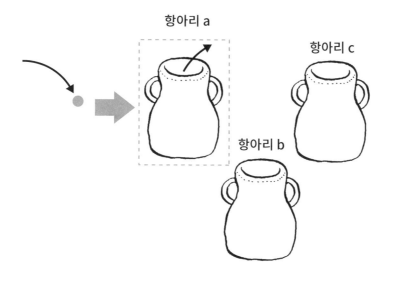

이는 시간이 거꾸로인 상태입니다. 보통은 항아리 a를 선택했을 때 <u>파란 구슬</u>을 꺼낼 확률입니다.
<u>사건 a</u>   <u>사건 A</u>

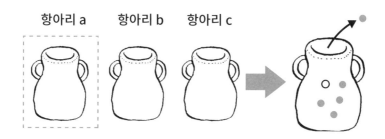

보통과는 달리 시간 흐름이 거꾸로인 상황에서 확률을 구하려면 베이즈 정리를 이용합니다.

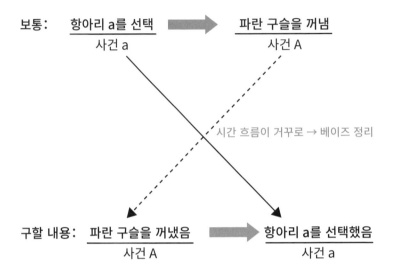

예제에서는 '꺼냈더니 파란 구슬이었다.'라고만 했지 항아리 a에서 꺼냈는지, 항아리 b에서 꺼냈는지, 항아리 c에서 꺼냈는지는 알려 주지 않았습니다. 여기서 이유 불충분의 원리에 따라 항아리 a, 항아리 b, 항아리 c를 고를 확률은 똑같이 $\frac{1}{3}$이라 하겠습니다.

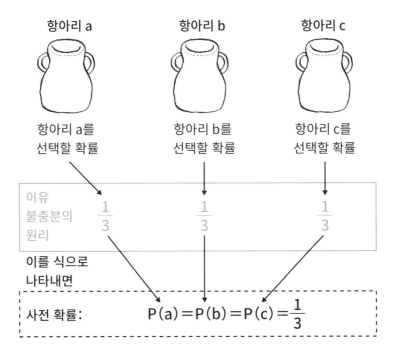

입니다.

다음으로, 파란 구슬을 꺼낼 확률을 구합니다. 파란 구슬은 항아리 a, 항아리 b, 항아리 c 가운데 어느 곳에서 꺼내느냐에 따라 확률이 달라지므로 각각 구해야 합니다.

사건 a   사건 A
① 항아리 a를 선택하고 파란 구슬을 꺼낼 확률

$$P(a) \times P(A \mid a) = \frac{1}{3} \times \frac{4}{5}$$

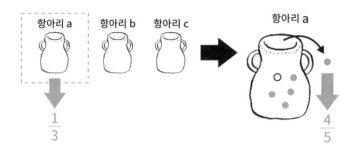

사건 b   사건 A
② 항아리 b를 선택하고 파란 구슬을 꺼낼 확률

$$P(b) \times P(A \mid b) = \frac{1}{3} \times \frac{3}{4}$$

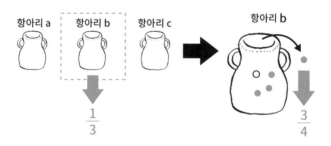

사건 c   사건 A

③ 항아리 c를 선택하고 파란 구슬을 꺼낼 확률

$$P(c) \times P(A \mid c) = \frac{1}{3} \times \frac{1}{3}$$

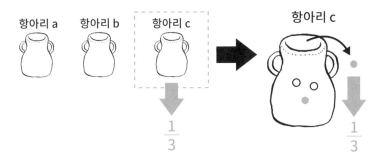

①, ②, ③에서 파란 구슬을 꺼낼 확률 P(A)는

$$P(A) = \underset{①}{\frac{1}{3} \times \frac{4}{5}} + \underset{②}{\frac{1}{3} \times \frac{3}{4}} + \underset{③}{\frac{1}{3} \times \frac{1}{3}}$$

$$= \frac{4}{15} + \frac{1}{4} + \frac{1}{9} = \frac{48}{180} + \frac{45}{180} + \frac{20}{180} = \frac{113}{180}$$

사건 A   사건 a

항아리에서 파란 구슬 1개를 꺼낼 때 항아리 a에서 나올 확률: P(a ∣ A)는

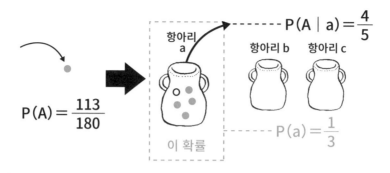

$$P(a \mid A) = \frac{P(A \mid a) \times P(a)}{P(A)} = \frac{\frac{4}{5} \times \frac{1}{3}}{\frac{113}{180}}$$

서로 바꿈

$$= \frac{4}{15} \times \frac{180}{113} = \frac{48}{113}$$

마찬가지로 항아리에서 파란 구슬 1개를 꺼낼 때 항아리 b에서 나올 확률:
P(b | A)는

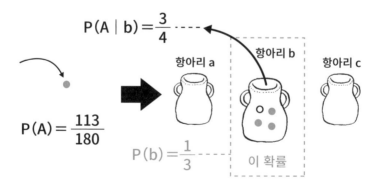

$$P(b \mid A) = \frac{P(A \mid b) \times P(b)}{P(A)} = \frac{\frac{3}{4} \times \frac{1}{3}}{\frac{113}{180}}$$

서로 바꿈

$$= \frac{1}{4} \times \frac{180}{113} = \frac{45}{113}$$

마지막으로 <u>항아리에서 파란 구슬 1개를 꺼낼</u> 때 <u>항아리 c에서 나올</u> 확률:

사건 A　　　　　　　　　　　사건 c

P(c | A)는

$$P(A \mid c) = \frac{1}{3}$$

항아리 a　　항아리 b　　항아리 c

$$P(A) = \frac{113}{180}$$

$$P(c) = \frac{1}{3}$$

이 확률

$$P(c \mid A) = \frac{P(A \mid c) \times P(c)}{P(A)} = \frac{\frac{1}{3} \times \frac{1}{3}}{\frac{113}{180}}$$

서로 바꿈

$$= \frac{1}{9} \times \frac{180}{113} = \frac{20}{113}$$

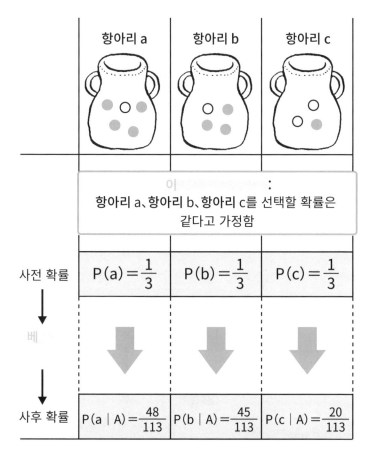

	항아리 a	항아리 b	항아리 c
	이⋯⋯⋯⋯⋯⋯⋯ : 항아리 a、항아리 b、항아리 c를 선택할 확률은 같다고 가정함		
사전 확률	$P(a) = \dfrac{1}{3}$	$P(b) = \dfrac{1}{3}$	$P(c) = \dfrac{1}{3}$
베			
사후 확률	$P(a \mid A) = \dfrac{48}{113}$	$P(b \mid A) = \dfrac{45}{113}$	$P(c \mid A) = \dfrac{20}{113}$

정답: 베이즈 정리, 이유 불충분의 원리

확률이 계속 변하는 '베이즈 갱신'
시시각각 변하는 상황에서도 추적할 수 있음

여기서는 구체적인 문제를 이용하여 베이즈 갱신을 알아보겠습니다.

다음 예제는 실제 사건을 배경으로 한 것으로, 1968년 대서양에서 미국 해군의
원자력 잠수함 스콜피온과 통신이 끊어졌을 때 베이즈 갱신을 이용한 결과 침
몰한 선체 일부를 발견할 수 있었다고 합니다.

> **Do it! 예제**
>
> 잠수함 S가 대서양에서 사고를 당해 행방불명되었습니다. 수색할 해역을 A,
> B, C, D 4구역으로 나누었을 때 A 구역에서 마지막으로 교신한 뒤 연락이 끊
> 어졌습니다. 그래서 4구역을 하나씩 집중 수색하려고 합니다.
>
>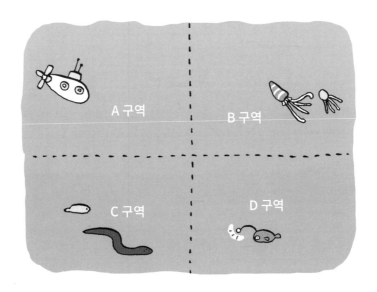

베이즈 정리를 이용하여 확률을 바탕으로 집중해서 수색할 구역을 찾아봅시다. 베이즈 정리에 필요한 사건을 각각

사건 A: A 구역에 잠수함 S가 침몰

사건 B: B 구역에 잠수함 S가 침몰

사건 C: C 구역에 잠수함 S가 침몰

사건 D: D 구역에 잠수함 S가 침몰

사건 a: A 구역에서는 잠수함 S를 발견할 수 없음

사건 b: B 구역에서는 잠수함 S를 발견할 수 없음

사건 c: C 구역에서는 잠수함 S를 발견할 수 없음

사건 d: D 구역에서는 잠수함 S를 발견할 수 없음

이라고 하겠습니다.

잠수함 S가 A, B, C, D의 어느 구역에서 침몰했는지 확률을 생각하는 것이 중요합니다. A 구역에서 연락이 끊어졌으므로 A 구역에서 침몰했을 가능성이 큽니다. 각 구역에서 침몰했을 확률은 다음과 같다고 하겠습니다.

잠수함 S가 침몰했을 확률 (%)				
구역	A	B	C	D
확률	40	10	20	30

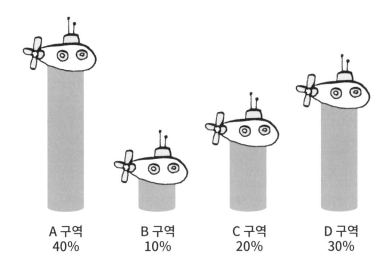

A 구역 40%	B 구역 10%	C 구역 20%	D 구역 30%

다음으로, 각 수색 구역에서 발견할 확률을 설정합니다. 해저의 조건을 볼 때 A, B 구역이 C, D 구역보다 발견하기 쉽다는 것을 알았다고 합시다. 각 구역에서 발견할 확률은 다음과 같다고 하겠습니다.

잠수함 S를 발견할 확률 (%)				
구역	A	B	C	D
발견할 확률	30	30	10	20
발견하지 못할 확률	70	70	90	80

각 사건의 확률을 식으로 나타내 보겠습니다.

A 구역에 잠수함 S가 침몰했을 확률은 $P(A) = 0.4$

B 구역에 잠수함 S가 침몰했을 확률은 $P(B) = 0.1$

C 구역에 잠수함 S가 침몰했을 확률은 $P(C) = 0.2$

D 구역에 잠수함 S가 침몰했을 확률은 $P(D) = 0.3$

A 구역에 잠수함 S가 침몰했지만 발견할 수 없을 확률은 P(a | A) = 0.7

B 구역에 잠수함 S가 침몰했지만 발견할 수 없을 확률은 P(b | B) = 0.7

C 구역에 잠수함 S가 침몰했지만 발견할 수 없을 확률은 P(c | C) = 0.9

D 구역에 잠수함 S가 침몰했지만 발견할 수 없을 확률은 P(d | D) = 0.8

이를 이용하여 침몰했을 확률이 가장 높은 A 구역부터 먼저 생각해 봅시다. A 구역에서 잠수함 S를 발견하면 좋겠지만, 발견하지 못할 수도 있습니다. 다만, 잠수함 S를 '발견하지 못했으므로 침몰하지 않았다.'라고 할 수는 없습니다. '수색을 계속해야 하는가? 다른 구역을 찾아야 하는가?'라는 갈림길에 섰습니다. 바로 이때 베이즈 정리가 등장할 차례입니다. 먼저 A 구역에서 잠수함 S를 발견하지는 못했지만 A 구역에 침몰했을 확률 P(A | a)를 구해 봅시다. 이때 베이즈 정리의 분모 P(a), 즉 '잠수함 S를 A 구역에서 발견하지 못할 확률'이 필요합니다. 그러므로 P(a)를 구해야 합니다.

잠수함 S가 침몰				
구역	A	B	C	D
침몰했을 확률	0.4	0.1	0.2	0.3

잠수함 S를 발견				
구역	A	B	C	D
발견할 확률	0.3	0.3	0.1	0.2
발견하지 못할 확률	0.7	0.7	0.9	0.8

잠수함 S가 A 구역에서 발견되지 않을 때는 다음 2가지를 생각할 수 있습니다.

① 잠수함이 A 구역에 침몰했지만 발견할 수 없음

② 잠수함이 A 구역에 침몰하지 않았으므로 발견할 수 없음

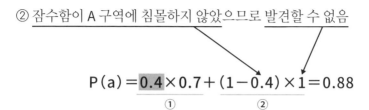

$$P(a) = 0.4 \times 0.7 + (1-0.4) \times 1 = 0.88$$

서로 바꿈

$$P(A \mid a) = \frac{P(a \mid A) \times P(A)}{P(a)} = \frac{0.7 \times 0.4}{0.88} = \frac{0.28}{0.88} \fallingdotseq 0.318$$

이것이 A 구역에 잠수함이 침몰했을 사후 확률 P(A | a)입니다. 다음으로 나머지 B, C, D 구역의 사후 확률을 구해야 합니다. B, C, D 구역의 확률은 전체 구역 가운데 잠수함이 A 구역에서 침몰했을 사후 확률 P(A | a)=0.318을 제외하고 생각하면 됩니다.

잠수함 S가 침몰				
구역	A	B	C	D
사전 확률	0.4	0.1	0.2	0.3
사후 확률	0.318			

1 − 0.318

잠수함이 B 구역에 침몰했을 사후 확률 P(B | a)는 B, C, D의 사전 확률(0.1, 0.2, 0.3) 비율대로 배분하여 구합니다.

잠수함 S가 침몰				
구역	A	B	C	D
사전 확률	0.4	0.1	0.2	0.3
사후 확률	0.318	P (B ∣ a)		

$$P(B \mid a) = (1-0.318) \times \frac{0.1}{0.1+0.2+0.3} = 0.682 \times \frac{1}{6} \fallingdotseq 0.114$$

마찬가지로 잠수함이 C 구역에 침몰했을 사후 확률 P(C ∣ a)는

잠수함 S가 침몰				
구역	A	B	C	D
사전 확률	0.4	0.1	0.2	0.3
사후 확률	0.318	0.114	P (C ∣ a)	

$$P(C \mid a) = (1-0.318) \times \frac{0.2}{0.1+0.2+0.3} = 0.682 \times \frac{2}{6} \fallingdotseq 0.227$$

마지막으로 잠수함이 D 구역에 침몰했을 사후 확률 P(D ∣ a)는

잠수함 S가 침몰				
구역	A	B	C	D
사전 확률	0.4	0.1	0.2	0.3
사후 확률	0.318	0.114	0.227	P (D ∣ a)

$$P(D \mid a) = (1-0.318) \times \frac{0.3}{0.1+0.2+0.3} = 0.682 \times \frac{3}{6} = 0.341$$

따라서 사후 확률을 정리하면 다음과 같습니다.

잠수함 S가 침몰				
구역	A	B	C	D
사전 확률	0.4	0.1	0.2	0.3
사후 확률	0.318	0.114	0.227	0.341

다음에서는 사전 확률로 이용

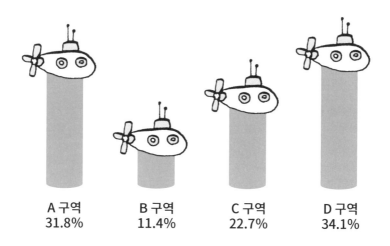

A 구역
31.8%

B 구역
11.4%

C 구역
22.7%

D 구역
34.1%

이 결과에 따라 잠수함이 침몰했을 확률이 가장 높은 곳은 D 구역이므로 다음은 D 구역을 조사합니다. D 구역에서 발견한다면 좋겠지만 아직 발견하지 못할 수도 있습니다. 이 확률을 베이즈 정리로 구하는데, 앞서 구한 사후 확률을 다음의 사전 확률로 사용합니다. 이처럼 업데이트한 데이터를 이용하여 확률을 갱신하는 것을 베이즈 갱신(Bayesian update)이라고 합니다.

● 베이즈 갱신으로 확률을 업데이트

이번	잠수함 S가 침몰			
구역	A	B	C	D
사전 확률	0.4	0.1	0.2	0.3
사후 확률	0.318	0.114	0.227	0.341

다음 번	잠수함 S가 침몰			
구역	A	B	C	D
사전 확률	0.318	0.114	0.227	0.341
사후 확률	?	?	?	?

그러면 베이즈 정리를 이용하여 다음 사후 확률을 구해 봅시다.

잠수함 S가 침몰				
구역	A	B	C	D
침몰했을 확률	0.318	0.114	0.227	0.341

잠수함 S를 발견				
구역	A	B	C	D
발견할 확률	0.3	0.3	0.1	0.2
발견하지 못할 확률	0.7	0.7	0.9	0.8

잠수함 S를 D 구역에서 발견할 수 없을 때는 다음 2가지를 생각할 수 있습니다.

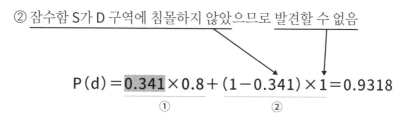

① 잠수함 S가 D 구역에 침몰했지만 발견할 수 없음

② 잠수함 S가 D 구역에 침몰하지 않았으므로 발견할 수 없음

$$P(d) = \underline{0.341 \times 0.8} + \underline{(1 - 0.341) \times 1} = 0.9318$$
$$\qquad\qquad\quad ① \qquad\qquad\qquad ②$$

$$P(D \mid d) = \frac{P(d \mid D) \times P(D)}{P(d)} = \frac{0.8 \times 0.341}{0.9318} = \frac{0.2728}{0.9318} \fallingdotseq 0.293$$

서로 바꿈

이것이 D 구역에 잠수함 S가 침몰했을 사후 확률입니다. 여기서 나머지 A, B, C 구역의 사후 확률을 구해야 합니다. A, B, C 구역의 확률은 전체 구역 가운데 D 구역에서 잠수함 S가 침몰했을 사후 확률을 빼고 이를 비율대로 배분하여 구합니다.

잠수함 S가 침몰			
구역	A	B	C	D
사전 확률	0.318	0.114	0.227	0.341
사후 확률				0.293

$$1 - 0.293$$

잠수함 S가 침몰				
구역	A	B	C	D
사전 확률	0.318	0.114	0.227	0.341
사후 확률	P (A ∣ d)			0.293

$$P(A \mid d) \fallingdotseq (1-0.293) \times \frac{0.318}{0.318+0.114+0.227} \fallingdotseq 0.341$$

잠수함 S가 침몰				
구역	A	B	C	D
사전 확률	0.318	0.114	0.227	0.341
사후 확률	0.341	P (B ∣ d)		0.293

$$P(B \mid d) \fallingdotseq (1-0.293) \times \frac{0.114}{0.318+0.114+0.227} \fallingdotseq 0.122$$

잠수함 S가 침몰				
구역	A	B	C	D
사전 확률	0.318	0.114	0.227	0.341
사후 확률	0.341	0.122	P (C ∣ d)	0.293

$$P(C \mid d) \fallingdotseq (1-0.293) \times \frac{0.227}{0.318+0.114+0.227} \fallingdotseq 0.244$$

사후 확률을 정리하면 다음과 같습니다.

잠수함 S가 침몰				
구역	A	B	C	D
사전 확률	0.318	0.114	0.227	0.341
사후 확률	0.341	0.122	0.244	0.293

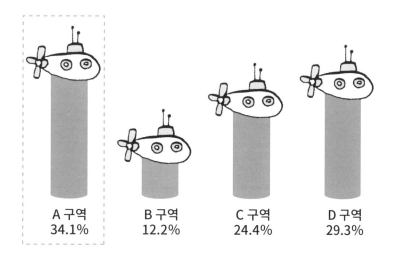

A 구역 34.1% B 구역 12.2% C 구역 24.4% D 구역 29.3%

다시 A 구역의 확률이 높아졌으므로 다음에는 A 구역을 한 번 더 조사해야 할 것입니다. 물론 이렇게 해도 찾지 못할 수 있으므로 이 사후 확률을 사용하여 발견하지 못할 확률도 함께 구한 다음 계속 수색합니다.

여기서는 세 번째 수색에서 잠수함을 찾았다고 하겠습니다.

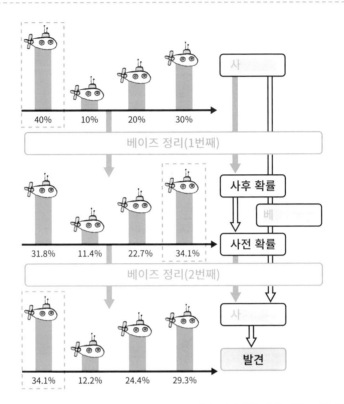

베이즈 정리(1번째)

사후 확률

사전 확률

베이즈 정리(2번째)

발견

40% 10% 20% 30%

31.8% 11.4% 22.7% 34.1%

34.1% 12.2% 24.4% 29.3%

정답: 사전 확률, 베이즈 갱신, 사후 확률

● 추락 장소를 모르더라도 수학적으로 올바른 방법을 사용

2014년 3월 말레이시아 항공 370편과 연락이 끊어진 뒤 어디에 추락했는지를
추측할 때도 베이즈 갱신을 이용했다고 합니다. 여기서는 간략하게 설명하지
만, 앞의 잠수함 스콜피온 예시와 본질은 마찬가지입니다.

Do it! 예제

비행기 F가 대서양 위를 날다가 추락했습니다. 하늘을 A, B, C, D 4구역으로
나누었을 때 A 구역에서 마지막으로 교신한 뒤 연락이 끊어졌습니다. 그래서
네 구역을 하나하나 순서대로 수색하기로 했습니다.

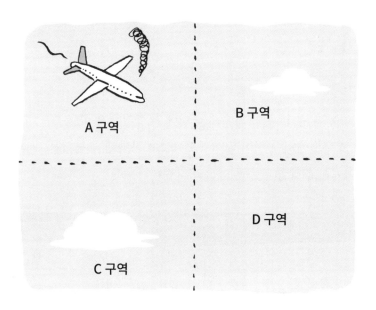

베이즈 정리를 이용하여 효율적으로 수색하도록 합시다. 베이즈 정리에 필요
한 사건은

　사건 A: A 구역에 비행기 F가 추락함

　사건 B: B 구역에 비행기 F가 추락함

　사건 C: C 구역에 비행기 F가 추락함

　사건 D: D 구역에 비행기 F가 추락함

비행기 F가 A, B, C, D 구역 가운데 어디에 추락했는지 확률을 구하는 것이 중요합니다. A 구역에서 교신이 끊어졌으므로 A 구역에 추락했을 가능성이 큽니다. 각 구역에서 추락할 확률은 다음과 같습니다.

비행기 F가 추락할 확률 (%)				
구역	A	B	C	D
확률	40	30	10	20

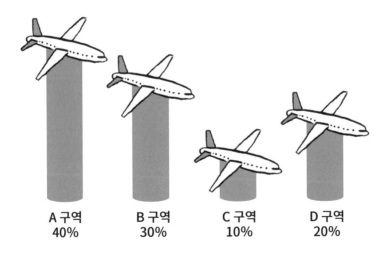

A 구역   B 구역   C 구역   D 구역
40%   30%   10%   20%

다음으로, 각 수색 구역에서 발견할 확률을 설정합니다. 하늘이라는 조건 때문에 B 구역은 발견하기 쉽고 C 구역은 발견하기 어렵다고 합니다. 각 구역에서 발견할 확률은 다음과 같다고 하겠습니다.

비행기 F를 발견할 확률 (%)				
구역	A	B	C	D
발견할 확률	20	40	10	30
발견하지 못할 확률	80	60	90	70

그러면 각 사건의 확률을 구해 봅시다.

A 구역에 비행기 F가 추락할 확률은 $P(A) = 0.4$

B 구역에 비행기 F가 추락할 확률은 $P(B) = 0.3$

C 구역에 비행기 F가 추락할 확률은 $P(C) = 0.1$

D 구역에 비행기 F가 추락할 확률은 $P(D) = 0.2$

A 구역에 비행기 F가 추락했으나 발견할 수 없을 확률은 $P(a \mid A) = 0.8$

B 구역에 비행기 F가 추락했으나 발견할 수 없을 확률은 $P(b \mid B) = 0.6$

C 구역에 비행기 F가 추락했으나 발견할 수 없을 확률은 $P(c \mid C) = 0.9$

D 구역에 비행기 F가 추락했으나 발견할 수 없을 확률은 $P(d \mid D) = 0.7$

먼저 확률이 가장 높은 A 구역부터 생각해 봅시다. 앞서 살펴본 잠수함 예와 마찬가지로 A 구역에서 비행기 F를 발견할 수 없었지만 A 구역에 추락할 확률을 구해 봅시다.

비행기 F가 A 구역에서 발견되지 않을 확률 P(a)를 구합니다.

비행기 F가 추락 (%)				
구역	A	B	C	D
추락할 확률	0.4	0.3	0.1	0.2

비행기 F를 발견 (%)				
구역	A	B	C	D
발견할 확률	0.2	0.4	0.1	0.3
발견하지 못할 확률	0.8	0.6	0.9	0.7

① 비행기 F가 A 구역에 추락했지만 발견하지 못했을 때

② 비행기 F가 A 구역에 추락하지 않았으므로 발견하지 못할 때가 있으므로

$$P(a) = \underset{①}{\underline{0.4 \times 0.8}} + \underset{②}{\underline{(1-0.4) \times 1}} = 0.92$$

서로 바꿈

$$P(A \mid a) = \frac{P(a \mid A) \times P(A)}{P(a)} = \frac{0.8 \times 0.4}{0.92} = \frac{0.32}{0.92} \fallingdotseq 0.348$$

이것이 A 구역에 비행기 F가 추락했을 사후 확률이 됩니다. 다음으로, 나머지 B, C, D 구역의 사후 확률을 구합니다. B, C, D 구역의 확률은 전체 구역에서 A 구역에 비행기 F가 추락했을 사후 확률 P(A | a)=0.348을 뺀 다음 각각의 사전 확률(0.3, 0.1, 0.2) 비율대로 배분하여 구합니다.

비행기 F가 추락				
구역	A	B	C	D
사전 확률	0.4	0.3	0.1	0.2
사후 확률	0.348			

$$1 - 0.348$$

비행기 F가 추락				
구역	A	B	C	D
사전 확률	0.4	0.3	0.1	0.2
사후 확률	0.348	P(B|a)		

$$P(B \mid a) \fallingdotseq (1-0.348) \times \frac{0.3}{0.3+0.1+0.2} = 0.652 \times \frac{1}{2} = 0.326$$

비행기 F가 추락				
구역	A	B	C	D
사전 확률	0.4	0.3	0.1	0.2
사후 확률	0.348	0.326	P(C|a)	

$$P(C \mid a) \fallingdotseq (1-0.348) \times \frac{0.1}{0.3+0.1+0.2} = 0.652 \times \frac{1}{6} \fallingdotseq 0.109$$

비행기 F가 추락				
구역	A	B	C	D
사전 확률	0.4	0.3	0.1	0.2
사후 확률	0.348	0.326	0.109	P (D ∣ a)

$$P(D \mid a) \fallingdotseq (1-0.348) \times \frac{0.2}{0.3+0.1+0.2} = 0.652 \times \frac{1}{3} \fallingdotseq 0.217$$

따라서 사후 확률을 정리하면 다음과 같습니다.

비행기 F가 추락				
구역	A	B	C	D
사전 확률	0.4	0.3	0.1	0.2
사후 확률	0.348	0.326	0.109	0.217

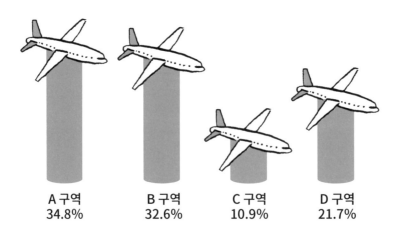

A 구역
34.8%

B 구역
32.6%

C 구역
10.9%

D 구역
21.7%

이 결과에 따라 비행기 F가 추락했을 확률이 가장 높은 지역은 역시 A 구역이 므로 A 구역을 다시 조사합니다. 그러나 앞에서와 마찬가지 이유로 A 구역에서 발견되지 않을 가능성도 있습니다. 이때의 확률을 베이즈 정리로 조사해 봅시 다. 앞서 살펴본 잠수함 스콜피온 예와 마찬가지로 먼저 구한 사후 확률을 다음 에서는 사전 확률로 이용합니다.

이번	비행기 F가 추락			
구역	A	B	C	D
사전 확률	0.4	0.3	0.1	0.2
사후 확률	0.348	0.326	0.109	0.217

다음 번	비행기 F가 추락			
구역	A	B	C	D
사전 확률	0.348	0.326	0.109	0.217
사후 확률	?	?	?	?

비행기 F가 추락				
구역	A	B	C	D
추락했을 확률	0.348	0.326	0.109	0.217

비행기 F를 발견				
구역	A	B	C	D
발견할 확률	0.2	0.4	0.1	0.3
발견하지 못할 확률	0.8	0.6	0.9	0.7

비행기 F가 A 구역에서 발견되지 않을 때는

① 비행기 F가 A 구역에 추락했으나 발견할 수 없을 때

② 비행기 F가 A 구역에 추락하지 않았으므로 발견할 수 없을 때가 있으므로

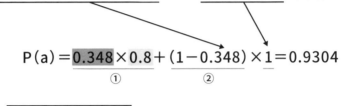

$$P(a) = \underset{①}{\underline{0.348 \times 0.8}} + \underset{②}{\underline{(1-0.348) \times 1}} = 0.9304$$

서로 바꿈

$$P(A \mid a) = \frac{P(a \mid A) \times P(A)}{P(a)} = \frac{0.8 \times 0.348}{0.9304} = \frac{0.2784}{0.9304} \fallingdotseq 0.299$$

이것이 비행기 F가 A 구역에 추락했을 사후 확률이 됩니다.

이 결과를 이용하여 나머지 B, C, D 구역의 사후 확률을 구합니다. B, C, D 구역의 사후 확률은 전체 구역에서 A 구역에 추락했을 사후 확률 $P(A \mid a) \fallingdotseq 0.299$를 빼고 이를 비율대로 배분하여 구합니다.

비행기 F가 추락				
구역	A	B	C	D
사전 확률	0.348	0.326	0.109	0.217
사후 확률	0.299			

$$1 - 0.299$$

비행기 F가 추락				
구역	A	B	C	D
사전 확률	0.348	0.326	0.109	0.217
사후 확률	0.299	P(B｜a)		

$$P(B｜a) \fallingdotseq (1-0.299) \times \frac{0.326}{0.326+0.109+0.217} \fallingdotseq 0.351$$

비행기 F가 추락				
구역	A	B	C	D
사전 확률	0.348	0.326	0.109	0.217
사후 확률	0.299	0.351	P(C｜a)	

$$P(C｜a) \fallingdotseq (1-0.299) \times \frac{0.109}{0.326+0.109+0.217} \fallingdotseq 0.117$$

비행기 F가 추락				
구역	A	B	C	D
사전 확률	0.348	0.326	0.109	0.217
사후 확률	0.299	0.351	0.117	P(D｜a)

$$P(D｜a) \fallingdotseq (1-0.299) \times \frac{0.217}{0.326+0.109+0.217} \fallingdotseq 0.233$$

이번에는 B 구역의 확률이 높아졌습니다. 그러므로 이후에는 B 구역을 조사하게 됩니다. 물론 이렇게 해도 찾지 못할 수도 있으므로 이 사후 확률을 사용하여 발견하지 못할 확률도 함께 구한 다음 계속 탐색해 갑니다.

여기서는 세 번째 수색에서 비행기 F를 찾았다고 하겠습니다.

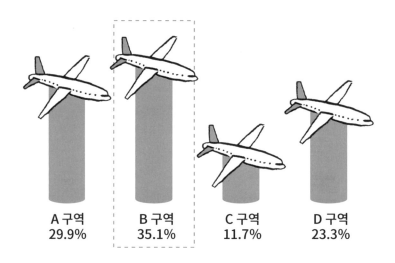

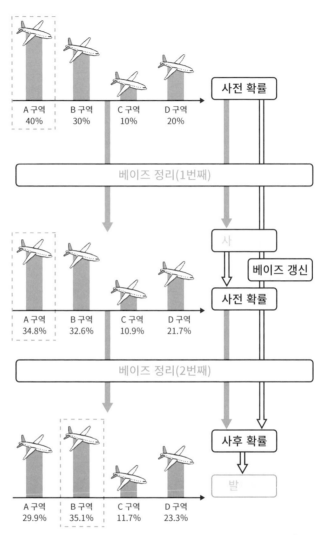

퀴즈로
정리하기

사전 확률

A 구역
40%

B 구역
30%

C 구역
10%

D 구역
20%

베이즈 정리(1번째)

사

베이즈 갱신

사전 확률

A 구역
34.8%

B 구역
32.6%

C 구역
10.9%

D 구역
21.7%

베이즈 정리(2번째)

사후 확률

발

A 구역
29.9%

B 구역
35.1%

C 구역
11.7%

D 구역
23.3%

정답: 사후 확률, 발견

우리는 의사소통 도구로 카카오톡이나 메신저 등의 앱을 주로 사용하지만, 업무에서는 역시 이메일을 빼놓을 수 없습니다. 이처럼 요긴한 이메일이지만, 필자를 포함하여 많은 사람이 스팸 메일 공해에 시달려 본 경험이 있을 겁니다.

최근에는 일반 메일과 구분조차 할 수 없는 스팸 메일도 늘었는데, 이렇게 날마다 대량으로 쌓이는 메일을 '이것은 보통 메일, 이것은 스팸 메일…'과 같이 하나하나 분류하는 것도 번거로운 일입니다.

스팸 메일에는 '사기 웹 사이트로 유도하는' 링크가 있거나 '무료'나 '안정 수입 매월 1000만 원', '~만 원 입금' 등 특징 있는 단어나 표현 방법을 흔히 사용합니다. 그렇다면 이런 표현이 포함된 메일은 스팸 메일일 확률이 높을 것입니다. 스팸 메일 방지 기능은 바로 이런 특성을 이용하여 메일을 자동으로 판정합니다.

Do it! 예제

여기서는 단순화하여 링크가 포함된 메일, '무료'라는 단어가 포함된 메일은 '스팸 메일일 가능성이 크다.'라고 하겠습니다.

사건 A: 보통 메일

사건 B: 스팸 메일

사건 a: 링크 포함

사건 b: '무료'라는 단어 포함

이라 하겠습니다.

- 스팸 메일에 링크가 있을 확률은 70%, 링크가 없을 확률은 30%

- 보통 메일에 링크가 있을 확률은 10%, 링크가 없을 확률은 90%

이와 함께

- 링크가 있는 스팸 메일 가운데 '무료'라는 단어가 포함될 확률은 60%, 단어가 없을 확률은 40%

- 링크가 있는 보통 메일 가운데 '무료'라는 단어가 포함될 확률은 20%, 단어가 없을 확률은 80%

라고 하겠습니다. 이때 '링크가 있으며 '무료'라는 단어도 포함된 메일이 스팸 메일일 확률'은 어느 정도일지 생각해 봅시다.

링크가 있는 메일을 받았을 때 보통 메일인지 스팸 메일인지는 모릅니다. 따라서 이유 불충분의 원리를 이용하여 보통 메일, 스팸 메일일 확률을 모두 0.5라고 합시다.

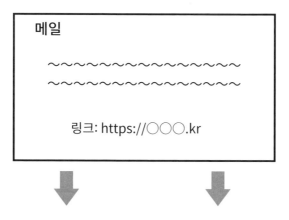

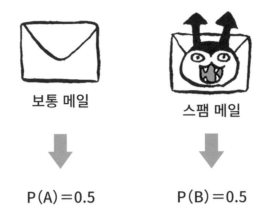

보통 메일   스팸 메일

$P(A)=0.5$ $P(B)=0.5$

링크가 있을 때의 조건부 확률을 각각 구하면

사건 A   사건 a

보통 메일일 때 링크가 있을 확률은 10%이므로

$$P(a \mid A)=0.1$$

https://○○○.kr   확률은 0.1

사건 B   사건 a

스팸 메일일 때 링크가 있을 확률은 70%이므로

$$P(a \mid B)=0.7$$

https://○○○.kr   확률은 0.7

이에 따라 링크가 있을 확률은

① 보통 메일에 링크가 있을 때

② 스팸 메일에 링크가 있을 때

의 2가지를 생각할 수 있으므로

$$P(a) = 0.5 \times 0.1 + 0.5 \times 0.7 = 0.05 + 0.35 = 0.4$$

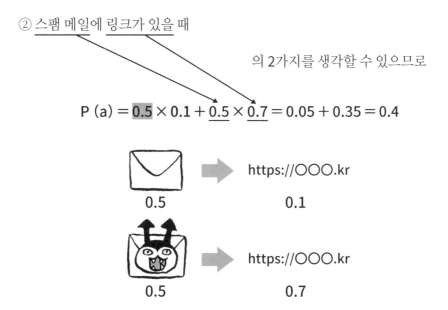

그러면 베이즈 정리를 이용하여 사후 확률을 구해 봅시다.

사건 a   사건 A

링크가 있을 때 보통 메일일 확률은

$$P(A \mid a) = \frac{P(a \mid A) \times P(A)}{P(a)} = \frac{0.1 \times 0.5}{0.4} = \frac{1}{8} = 0.125$$

서로 바꿈

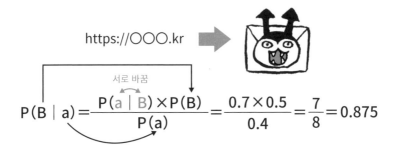

사건 a   사건 B

링크가 있을 때 스팸 메일일 확률은

서로 바꿈

$$P(B \mid a) = \frac{P(a \mid B) \times P(B)}{P(a)} = \frac{0.7 \times 0.5}{0.4} = \frac{7}{8} = 0.875$$

따라서 링크가 있을 때는 스팸 메일일 확률이 높아집니다.

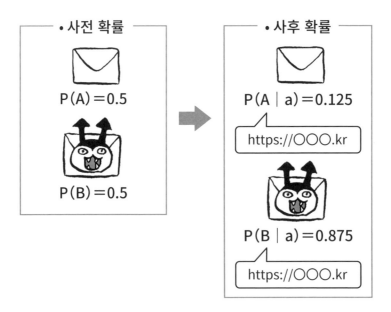

이와 함께 '무료'라는 단어가 포함되면 확률이 어느 정도 달라지는지 확인해 봅시다. 앞서 구한 사후 확률 P(A | a) = 0.125, P(B | a) = 0.875를 각각 사전확률 P(A), P(B)로 하여 생각해 보겠습니다.

사건 A 　　　　　　　　　　　　　　　　　 사건 b

링크가 있는 보통 메일을 받았을 때 '무료'라는 단어가 포함될 확률은 20%이
므로 P(b | A) = 0.2입니다.

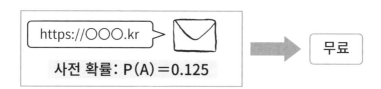

사건 B 　　　　　　　　　　　　　　　　　 사건 b

링크가 있는 스팸 메일을 받았을 때 '무료'라는 단어가 포함될 확률은 60%이
므로 P(b | B) = 0.6입니다.

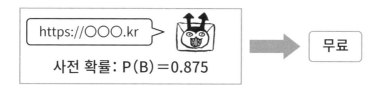

지금까지 나온 결과에서 '무료'라는 단어가 포함될 확률 P(b)는

① 링크가 있는 보통 메일에 '무료'라는 단어가 포함될 때

② 링크가 있는 스팸 메일에 '무료'라는 단어가 포함될 때

의 2가지를 생각할 수 있으므로

$$P(b) = 0.125 \times 0.2 + 0.875 \times 0.6 = 0.025 + 0.525 = 0.55$$

'무료'라는 단어가 포함될 때 링크가 있는 보통 메일일 확률, 즉 '무료'라는 단어와 링크가 있을 때 보통 메일일 확률은

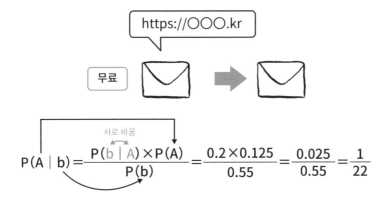

$$P(A \mid b) = \frac{P(b \mid A) \times P(A)}{P(b)} = \frac{0.2 \times 0.125}{0.55} = \frac{0.025}{0.55} = \frac{1}{22}$$

'무료'라는 단어가 포함될 때 링크가 있는 스팸 메일일 확률, 즉 '무료'라는 단어와 링크가 있을 때 스팸 메일일 확률은

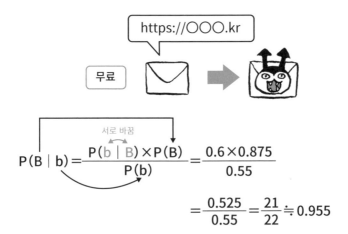

$$P(B \mid b) = \frac{P(b \mid B) \times P(B)}{P(b)} = \frac{0.6 \times 0.875}{0.55}$$

$$= \frac{0.525}{0.55} = \frac{21}{22} \fallingdotseq 0.955$$

그러면 지금까지 얻은 정보를 이용하여 스팸 메일의 확률을 정리해 보겠습니다.

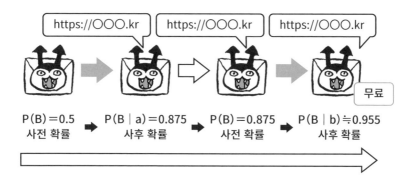

P(B)=0.5
사전 확률

P(B｜a)=0.875
사후 확률

P(B)=0.875
사전 확률

P(B｜b)≒0.955
사후 확률

무료

스팸 메일일 확률이 0.5에서 0.875, 0.955로 달라졌습니다. 그렇다면 스팸 메일이라 판정해도 될 듯합니다.

이처럼 단어 등의 데이터로 확률을 갱신(베이즈 갱신)하여 스팸 메일을 구분합니다.

퀴즈로
정리하기

01. 스팸 메일의 특   을 확률에 반영합니다.

02. 이유 불충분의 원리에 따라 보   메일, 스   메일의 확률을 각각 0.5로 합니다.

03. 베이즈 갱신으로 스   를 높입니다.

정답: 01. 특징   02. 보통, 스팸   03. 스팸 메일 구별의 정확도

플로렌스 나이팅게일(Florence Nightingale, 1820~1910)의 헌신적인 간호
활동으로 오늘날에는 간호사를 '백의의 천사'라고 부릅니다. 이뿐만 아니라
'너스 콜', '너스 스테이션' 등의 개념도 나왔는데, 대부분 나이팅게일 하면 '간
호사' 이미지를 떠올리는 데서 출발합니다.

물론 틀린 말은 아니지만, 나이팅게일을 간호사로만 본다면 뭔가 아쉬운 느낌
이 듭니다. 왜냐하면 그녀는 간호사로 2년 반 동안 근무했지만 이 밖에도 수학,
특히 생명을 지키는 통계학 분야에서 큰 성과를 올렸기 때문입니다.

나이팅게일은 크림 전쟁(1853~1856)을 계기로 통계학을 활용하기 시작합니
다. 당시 그녀는 야전 병원의 간호 책임자였습니다. 그러나 부상병을 간호하는
야전 병원에서 그녀에게는 지옥을 떠올리는 잔혹한 광경만이 기다리고 있었습
니다. 병원 안의 공중위생 환경은 열악했으며 부상병에게는 악취가 풍겼습니
다. 전쟁에서 입은 부상보다 감염병 등으로 죽는 병사가 오히려 더 많았습니다.

나이팅게일은 부상병을 치료하는 것도 중요하지만 공중위생을 개선하는 게 시
급하다고 호소하면서 이때부터 청소, 손 씻기, 환기 등 지금은 당연하게 여기는
것을 실천에 옮겼습니다.

그 결과 야전 병원에 부임할 당시 42%에 이르던 부상병의 사망률이 3개월쯤
지나자 5%로, 최종으로는 2%까지 줄었습니다. 통계학이 생명을 구한 것입니다.

나이팅게일은 통계학을 이용하여 수많은 어려움을 헤쳐 왔지만 처음부터 쉬웠
던 것은 아니었습니다. 신념과 각오를 다지면서 공중위생 개선의 중요성을 주
장한 사람이 있었기에 지금에 이른 것입니다.

'손 씻기'는 나이팅게일과 같은 시대에 살았던 헝가리 의사 이그나즈 제멜바이스(Ignaz Semmelweis, 1818~1865)가 주장했는데, 학술회에서는 이를 비과학적이라며 비판하기도 했습니다. 이처럼 오늘날 당연시하는 것이 예전부터 당연하게 여겼던 것은 아닙니다.

수학을 공부하는 이유는 다양합니다. 수학에는 생명을 지키는 힘도 있습니다. 그러므로 여러분이 이 책으로 베이즈 통계, 그리고 통계 전반에 흥미를 느낀다면 필자에게는 더없는 행복입니다.

마지막으로, 비주얼 서적 편집부의 이시이 켄이치(石井顕一) 씨에게는 전작부터 많은 신세를 졌습니다. 이 기회를 빌려 진심으로 고맙다는 말을 전합니다.

사사키 준(佐々木 淳)

주요 참고 문헌

● 서적

- 『베이즈 통계학 ― 현상의 분석부터 미래의 예측까지』. 와쿠이 사다미(涌井貞美), 전재복 옮김.
  북스힐. 2013.

- 『세상에서 가장 쉬운 베이즈 통계학 입문』. 고지마 히로유키(小島寬之) 지음, 장은정 옮김. 지
  상사. 2015.

- 『베이즈 추정 입문(ベイズ推定入門)』. 오제키 마사유키(大関真之). 오무샤. 2018.

- 『베이즈 통계학(ベイズ統計学)』. 마쓰바라 노조무(松原望). 소겐샤. 2017.

- 『볼 수 없는 것을 찾다 ― 그것이 베이즈(見えないものをさぐる―それがベイズ)』. 후지타
  카즈야(藤田一弥) 지음, 포워드 네트워크 감수. 오무샤. 2015.

- 『의미를 알 수 있는 베이즈 통계학(意味がわかるベイズ統計学)』. 가즈이시 켄(一石賢). 베레출
  판. 2016.

● 잡지

『월간 뉴턴』 2020년 9월 호.「베이즈 통계 입문」. 아이뉴턴(뉴턴코리아).

웹 프로그래밍을 기초부터 시작하고 싶다면?

Do it!
HTML+CSS+자바스크립트
웹 표준의 정석

웹 분야 1위! 그만한 이유가 있다!
키보드를 잡고 실습하다 보면
웹 개발의 3대 기술이 끝난다!

난이도 ●○○○○
고경희 지음 | 30,000원

Do it!
자바스크립트
+제이쿼리 입문

난이도 ●●○○○
정인용 지음 | 20,000원

Do it!
반응형
웹 페이지 만들기

난이도 ●●○○○
김운아 지음 | 20,000원

Do it!
웹 사이트
따라 만들기

난이도 ●●○○○
김윤미 지음 | 16,000원